国家骨干院校重点建设专业校企合作教材

Gaoyuan Huanjing Qiche Fadongji Runhuayou Yingyong Jichu

高原环境汽车发动机润滑油应用基础

李富香　主　编
张建莉　李恒宾　副主编
熊建国　主　审

人民交通出版社

内 容 提 要

本书共分五章，从汽车发动机润滑油基本理论和基础知识入手，主要阐述了发动机润滑油的组成及使用性能、发动机润滑油使用性能的评定试验、发动机润滑油的规格标准及技术要求、发动机润滑油的选择及使用、更换等内容，并结合青海省道路运输车辆润滑油品质变化实验研究的部分成果，将汽车发动机润滑油的理论知识与实践紧密结合，有力地补充了教学资源。

本书适合作为全国高等职业院校汽车类专业教材，也可供汽车工程技术人员、汽车检测与维修人员阅读参考。

图书在版编目(CIP)数据

高原环境汽车发动机润滑油应用基础／李富香主编．—北京：人民交通出版社，2014.4

国家骨干院校重点建设专业校企合作教材

ISBN 978-7-114-11347-5

Ⅰ．①高…　Ⅱ．①李…　Ⅲ．①汽车—发动机—润滑油—高等职业教育—教材　Ⅳ．①U473.6

中国版本图书馆 CIP 数据核字(2014)第 065530 号

国家骨干院校重点建设专业校企合作教材

书　　名：高原环境汽车发动机润滑油应用基础

著 作 者：李富香

责任编辑：周　凯

出版发行：人民交通出版社

地　　址：(100011)北京市朝阳区安定门外外馆斜街 3 号

网　　址：http://www.ccpress.com.cn

销售电话：(010)59757973

总 经 销：人民交通出版社发行部

经　　销：各地新华书店

印　　刷：北京市密东印刷有限公司

开　　本：787×1092　1/16

印　　张：4.75

字　　数：120 千

版　　次：2014 年 6 月　第 1 版

印　　次：2017 年 8 月　第 2 次印刷

书　　号：ISBN 978-7-114-11347-5

定　　价：15.00 元

(有印刷、装订质量问题的图书由本社负责调换)

青海交通职业技术学院

序

2010年青海交通职业技术学院跻身于全国高职院校“百强”行列，成为西北地区唯一一所交通运输类国家骨干高职院校。汽车运用技术专业群是国家骨干高职院校重点建设项目之一。

本套教材基于汽车运用技术专业“厂校融通、项目引领、三段递进”312人才培养模式，结合现代职业教育理念，以一汽-大众汽车、北京现代汽车、丰田汽车、奇瑞汽车四种车系为基础，系统地、科学地将四种品牌汽车知识、新技术、操作规范及在专业中的应用技能进行了整合，引导学生在掌握基本的汽车理论基础后，结合实际的职业岗位能力要求，进行4种车系专项技能学习。

本套教材是在企业调研的基础上，吸收高职高专课程体系改革的先进理念，结合专业特色进行整合的共享型资源，具有较强的指导性、应用性。

本套教材是在多年贯彻“工学结合、校企合作”人才培养模式的教学改革经验的基础上，以职业能力培养为目标，由企业技术人员和学校教师共同编写，体现了学校教学和企业实践的有机统一，传统工艺和现代技术的有机融合，并严格贯彻最新标准、规范、工艺和规程要求。编写过程中注重特定教学对象的认识能力和认知规律，采用图文结合的形式，力求直观明了，方便学生专业知识和职业能力的学习与提高，切实做到了理论够用、重在实践。

本教材的主要特点是：

1.从企业的需要出发，重塑教学目标

本教材是从企业的需要及学生的职业发展出发，让学生通过品牌汽车专门化学习，能够切实找到自己的职业发展方向或者是能较好地适应未来企业的用人需要。

2.从人才培养的目标出发，重整教学内容

汽车技术涉及的品牌、范围、层面、内容非常广泛，本教材以丰田、一汽大众、奇瑞和北京现代4种车系基本知识为基础，以面向高职学生的技能实务为主线，把握重点、落到实处。

本教材在编写过程中，参考了近5年来不同版本的本科、专科及中职相关教材、教学参考资料及相关车系4S店提供的信息资料，在此谨向各位参考文献的编写专家及提供信息资料的相关个人、部门表示衷心的感谢。

青海交通职业技术学院

国家骨干院校重点建设专业校企合作教材编审委员会

汽车运用技术专业建设委员会

2014年2月

前　言

2011年,青海交通职业技术学院被教育部批准,建设国家骨干高职院校,汽车运用技术专业被列为我院骨干校建设重点专业。汽车运用技术专业人才培养模式与课程体系改革以创新校企合作、工学结合"厂校融通、项目引领、三段递进"312人才培养模式,通过校企共同研究开发课程体系,按照汽车运用技术专业人才培养目标要求,构建基础技能培养模式。

汽车发动机润滑油是汽车运行材料的重要组成部分,对汽车发动机的使用寿命和高效运行起着重要作用。本书结合车辆润滑油品质变化实验研究的部分成果,对发动机润滑油的组成及使用性能、发动机润滑油使用性能的评定试验、发动机润滑油的规格标准及技术要求、发动机润滑油的选择及使用、更换等内容进行了阐述。本书采用了大量的图表和详实的数据,形象直观地展示了汽车发动机润滑油的基础知识。

本书由青海交通职业技术学院李富香担任主编(第五章),华南农业大学张建莉(第三章)、青海交通职业技术学院李恒宾(第二章)担任副主编,华南农业大学何效平(第一章)、青海交通职业技术学院罗国玺(第四章)参加编写。青海交通职业技术学院熊建国老师担任主审。

本书的编写得到了青海省交通厅、华南农业大学和相关汽车检测、维修企业的支持和帮助,在此表示衷心的感谢。

限于编者经历及水平,书中难免有不妥和疏漏之处,敬请读者批评指正。

编　者

2014年2月

目　　录

第一章　发动机润滑油的组成及使用性能

第一节　发动机润滑油的组成

发动机润滑油主要包括两大部分,一是基础油,二是添加剂。发动机润滑油的使用性能主要取决于基础油的化学组成及加入添加剂的质量和数量。

一、发动机润滑油基础油

1.基础油分类

我国发动机润滑油基础油标准建立于1983年,按国内当时原油实际生产情况,基础油标准分低硫石蜡基、低硫中间基和环烷基,为规范基础油及提高基础油质量起到了很大作用。近年来,为适应调制中高档润滑油需要,对原建立的基础油标准进行了修订。修订后的基础油系列标准,按照国际上通用的基础油分类方法及基础油的黏度指数,分为超高黏度指数(UHVI)、很高黏度指数(VHVI)、高黏度指数(HVI)、中黏度指数(MVI)和低黏度指数(LVI)5类。再根据基础油的应用范围分为通用基础油和专用基础油两个等级,通用基础油标准较原标准要求更严,规范中增加了碱氮、蒸发损失和氧化安定性等指标。在专用基础油中,根据调制多级内燃机油、低温液压油和液力传动液等产品的需要,增加了高黏度指数低凝基础油(HVIW)和中黏度指数低凝基础油(MVIW)标准;根据调制汽轮机油、工业齿轮油等产品的需要,增加了高黏度指数深度精制基础油(HVIS)和中黏度指数深度精制基础油(MVIS)标准。

2.不同工艺的基础油

(1)溶剂精制基础油。主要是用各种溶剂将矿油润滑油原料进行处理,以除去其中影响使用性能的各种非理想组分。具体地说,通过溶剂精制、溶剂脱蜡、溶剂脱沥青、白土处理或加氢补充精制等过程,以改善基础油的黏温性、氧化安定性及低温性能等。溶剂精制是将润滑油原料中原已存在的理想组分以物理方法分离出来,所以,原油的选择是十分重要的。如原油中所含理想组分多,这样经过溶剂精制后得到合格产物的收率就高、质量也好。该工艺虽然较老,但仍是我国目前主要采用的精制工艺。

(2)加氢基础油。润滑油加氢工艺是近期发展起的临氢转化生产工艺,它可利用加氢工艺的化学转化过程并在催化剂及氢的作用下,将矿油润滑油的非理想组分转化为理想组分,主要工艺过程为加氢处理、加氢脱蜡和加氢精制。

①加氢处理:通过选择性加氢裂化反应,来提高基础油的黏度指数,这一点与溶剂精制工艺相同,但是这两种工艺存在本质的差异,加氢处理是化学转化过程,将非理想组分转化成理想组分,提高基础油的黏度指数,而溶剂精制采用的都是物理过程,用选择性溶剂将非理想组分抽提取掉,来改善基础油的黏度指数。因而加氢处理工艺有一些不同于溶剂精制工艺的特

点，如基础油黏度指数较高，甚至可以达到溶剂精制所达不到的水平（VI:120～130）；在黏度指数相同时，基础油收率比溶剂精制高；能使残渣油料转化成馏分润滑油的基础油；可以得到有价值的低硫副产燃料；受原料质量限制较小，可以用廉价的劣质原料制取高质量的润滑油。加氢处理基础油的特点：

a. 较高的黏度指数。加氢处理工艺能生产出很高黏度指数的基础油（VI＞120）。例如，可用减压馏分油或脱沥青油为原料经深度加氢处理，也可用加氢裂化装置尾油来制取很高黏度指数的基础油（VI:120～130）；用软蜡的加氢异构化来制取超高黏度指数（VI＞130）的基础油。加氢处理工艺生产的特高黏度指数基础油所具有的黏度指数、低温黏度及挥发度等与同一黏度等级的聚-α烯烃（PAO）合成基础油很相似，但成本较低，是用来调配低黏度多级油的适宜基础油。

加氢处理基础油有较高的黏度指数，在调配多级油时，可少用黏度指数改进剂。

此外，由于加氢处理基础油有较高的黏度指数，因而在调配同级和多级油时，所用加氢基础油的黏度较溶剂精制基础油高。5W 加氢基础油的黏度与 10W 溶剂精制基础油黏度相近，而 10W 加氢处理基础油的黏度与 20W 溶剂精制基础油的黏度相近。这将有利于保证润滑油的高温润滑性。

b. 较低的挥发性。基础油的挥发性也是影响发动机润滑油使用性能的重要因素之一。目前，在调配低黏度多级油时，十分重视采用低挥发基础油。加氢处理基础油处理工艺能明显改善基础油挥发度，尤其是高温挥发度。而且加氢处理基础油，其黏度等级 5W、10W、20W 蒸发损失相差不大。两类工艺基础油挥发度差异和其沸点及分子量的差异有一致性。试验证明，在相同黏度时，加氢处理油的沸点高于溶剂精制油，而在同级和多级油基础油中，加氢处理基础油的分子量高于溶剂精制基础油。

由于加氢处理基础油的挥发度低，则由加氢处理油调制的多级油的油耗量比一般多级油要低。

c. 对添加剂具有较好的感受性。加氢处理基础油对抗氧剂的感受性特别好。在加入 0.5% T501 油品的氧弹试验中，对 650 中性加氢处理基础油与溶剂精制油比较，分别为 400min 和 150min。汽轮机油氧化试验（ASTM D943）结果，加氢处理油很容易达到 4000Nm^3/hr 以上，而溶剂精制基础油只能达到 2000～2500Nm^3/hr。加有 ZDDP 的基础油的氧化及轴瓦腐蚀试验（Petter W-1 发动机试验），加氢油只需加入 0.5% 就能通过试验。

d. 基础油的光安定性。目前，多数人倾向的加氢处理基础油光安定性差的原因，主要是由于部分加氢多环芳烃的生成所致。这也是迄今为止最接近实际的解释。部分加氢多环芳烃在加氢油中的含量虽小，但其性质极不安定，在日光或紫外光的作用下，会导致油品颜色变深甚至产生沉淀。因为受热力学的限制，稠环芳烃要完全加氢饱和是很困难的。因而部分加氢多环芳烃作为加氢处理过程中间产物的出现有它的必然性。

对于加氢处理油光安定性差的问题，已有诸多解决办法，且已达到较好效果。如加氢后处理、糠醛后处理及白土处理等，而使用最多的是加氢后处理。有报导认为：经加氢后处理工艺后，加氢油的光安定性已达到或超过溶剂精制油水平。

②润滑油催化脱蜡：润滑油催化脱蜡也称润滑油临氢降凝，它不同于传统的溶剂脱蜡工艺，是一种借助于催化剂及氢气进行择形加氢裂化或临氢异构化，将油中蜡除去或转化，以达到降低润滑油凝点（倾点）的催化转化工艺。

③加氢精制：加氢精制即经加氢处理及催化脱蜡后油料的后处理，主要是芳烃加氢饱和，

将光安定性差的少量部分饱和多环芳烃中的环烷芳烃混合环进一步加氢饱和生成光安定性好的环烷烃,它与常规的低压加氢补充精制不同,是需要在高压(20MPa 以上)及较低温度(约300℃)下进行,因不安定性组分含量较小,所以氢耗量较低。

(3)合成基础油。随着发动机性能的不断提高和严格的环保及节能要求,矿物油产品性能已显不足。合成润滑油具有一系列的优点,于是加速了合成油的发展和应用。

①合成基础油的分类:

第一类:合成烃润滑油,聚-α 烯烃、烷基苯、聚丁烯、合成环烷烃。

第二类:有机酯、双酯、多元醇酯、聚酯。

第三类:其他合成油、聚醚、磷酸酯、硅油等。

合成烃润滑油中聚-α 烯烃是用量最大的品种,也是合成油中性能比较全面且优良的油品。它与酯类油是近年来需求增长最快的品种。

②合成润滑油的性能特点:

a. 具有较好的低温性能及黏温性能。矿物油黏度指数一般都在 90 ~ 110,加氢油可提高到 120 ~ 130,而多数合成油黏度指数可达 130 以上。在高温黏度相同时,大多数合成油比矿物油的凝点低,低温黏度小,这就保证了合成油可在较低温度下使用。

b. 好的热安定性。合成油比矿物油具有更为优良的热安定性,热分解温度高,闪点及自燃点高,对黏度相同的油品来说,合成油比矿物油的使用温度高。

c. 合成油对添加剂的感受性好。合成油加入抗氧添加剂后,其氧化安定性更好,使用温度高。聚-α 烯烃加抗氧剂后,氧弹试验可达 350 ~ 400min,而矿物油只有 200 ~ 250min,酯类油加抗氧剂后可在 175 ~ 200℃长期使用,而矿物油只能在 120℃使用。

d. 合成油挥发度低。因为大多数合成油是一种单一的化合物,其沸点范围较窄,而矿物油是一段馏分油,在一定蒸发温度下,其轻馏分容易挥发。合成油的挥发性小,使用中油耗低,因而使用寿命增加。

e. 合成油的不足之处是对橡胶的相容性差。聚-α 烯烃会使某些橡胶轻微收缩和变硬,而酯类油会使某些橡胶发生较大的膨胀,对胶料的影响比矿物油大,因此,一般以聚-α 烯烃油作为润滑油时要加入部分酯类,以改善橡胶的膨胀性能。

二、发动机润滑油添加剂

为改善内燃机润滑油的使用性能,主要使用的添加剂有:金属清净剂、无灰分散剂、氧化抑制剂、抗磨剂、防锈剂和黏度指数改进剂。这些添加剂能使油品有效控制沉积物、磨损、腐蚀、氧化和锈蚀,保证发动机的正常运转。

1. 清净分散剂

清净分散剂是发动机润滑油的主要添加剂,其作用在于控制发动机的沉积物和磨损,以延长其使用寿命。它可使燃料燃烧和润滑油氧化生成的沉积物、烟灰和油泥悬浮在油中。各种清净剂和分散剂用于控制发动机沉积物。最早应用的是金属磷酸盐和酚盐清净剂,随后还出现了无灰分散剂,如丁二酰亚胺等。

清净分散剂的作用机理有以下 3 方面:

(1)增溶作用。主要是指它们可使润滑油氧化及燃料不完全燃烧所生成的非油溶性胶质(或氧化物单体)增溶于油内。使胶质中的各种活性基因,如羰基、氨基、羟基、硝基等失去反应活性,从而抑制它们形成漆膜、积炭和油泥等沉积物的倾向。增溶作用的实质是由于清净分散剂与非油溶性胶质形成载荷胶团,即清净剂分子将胶质包围在胶团内。

(2)分散作用。是使烟灰及非油溶性的固体粒子保持分散、胶溶或悬浮状态,从而抑制或减少它们形成沉积物的倾向。清净作用即清净剂阻止分散相(漆膜积炭)电泳析出金属表面的作用;稳定作用即保持分散团处于稳定分散或胶溶状态,不致沉积的作用。分散作用的本质,其一为双电层的静电斥力稳定作用,即清净分散剂吸附于粒度为 0.5 ~ 1.5nm 的积炭或烟灰粒子表面上后,可使粒子带电,形成双电层,借静电斥力而使粒子彼此分散而免于聚集。其二为立体屏蔽稳定作用,即清净分散剂吸附于较小的,粒度为 2 ~ 50nm 的烟灰、积炭和油泥表面上后,由于长链烃基的立体屏蔽而使粒子无法聚集。一般来说,金属清净剂有高电荷,有利于借双电荷电斥力起分散稳定作用;而无灰分散剂有较长的烃基,有利于形成立体屏蔽膜而起分散作用,且后者分散稳定作用更为有效。

(3)酸中和作用。主要有 3 点:①中和由润滑油氧化和燃料不完全燃烧所生成的酸性氧化物或酸性胶质,即沉淀物母体,使其失却活性,并变成油溶性物质,而难以再缩合成为漆膜沉积物;②中和含硫燃料燃烧生成的 SO_2、SO_3 及硫酸,以抑制其促进烃类氧化生成沉积物的作用;③抑制这些酸性产物对活塞环及缸套间的腐蚀磨损作用。

清净分散剂这类表面活性剂都是含有亲本基的极性基团和亲油基的非极性基团的双性化合物,其化学组成如图 1-1 所示。

- 极性基团
  - 碱性组分:金属或有机碱 + 过碱度组分
  - 有机酸官能团
- 非极性基团:羟基
- 油溶剂

图 1-1　清净分散剂的组成

有机酸官能团:清净剂的类别主要是根据分子中的有机酸官能团划分的。分为磺酸盐、酸盐、水杨酸盐、环烯酸盐、硫磷酸盐、丁二酞亚胺及丁二酸酯等。

烃类:磺酸盐、酚盐、水杨酸盐等的烃基皆为烷基、芳基。硫磷酸盐、丁二酰亚胺等的烃基则主要为聚异丁烯基。随着烃基链加长或相对分子质量的增大,清净剂分子极性降低,分子的空间屏蔽增大,其吸附作用下降,但相应的油溶性好,其稳定分散作用也有所提高。如硫磷酸盐、丁二酰亚胺的稳定分散作用和增溶作用增强。

碱性组分:除了丁二酰亚胺等无灰分散剂外,其余金属清净剂包括正盐(或中性盐)及碱式盐(或过碱度盐)。“正盐”可定义为“清净剂内金属含量恰等于中和其有机酸根所需要的量”。应注意,由于金属碱性强度与有机酸的酸性强度不一定相同,所谓“中性盐”实际上可能带碱性或酸性。“碱式盐”可定义为“清净剂内金属含量超过中和其有机酸根所需要的量”。这种过量的金属碱性组分包括与盐络合的部分和正盐形成胶团的部分。后者大多以呈碳酸盐的胶态微粒形式而存在。碱性组分随着碱度清净剂的酸中和作用的增强,对润滑油的氧化和沉积物的生成有一定的抑制作用,有利于减轻清净分散剂的增溶作用、减少分散作用的负担。但是,由于碱式盐中已形成大量载荷胶团,因此也影响到增溶作用,稳定分散作用能力有一定程度的降低,且对于每种清净剂的高碱度产品,要选定合适碱度,使各方面作用保持恰当水平。

总之,增溶作用、清净作用及稳定分散作用主要与清净分散剂分子的化学结构(包括有机酸官能团与烃基)有密切关系,而酸中和作用则主要与碱性组分的含量(碱度)和物理化学结构(晶形、粒度等)有关。

清净分散剂种类主要有金属清净剂,如磺酸盐、酚盐、烷基水杨酸盐。无灰分散剂有丁二酰亚胺、丁二酸酯等。上述各类清净分散剂的性能比较,如表 1-1 所示。

各种清净分散剂特性对比 表 1-1

项　目	水杨酸盐	酚盐	磺酸盐	丁二酰亚胺
碱值[mg(KOH)]	150～300	250	300～400	0～50
中和速度	好	好	一般	差
增溶作用	较差	较差	较好	好
分散作用	较差	较差	较好	好
(分散机理)	静电互斥			立体屏蔽
清净性	好	尚好	较差	差
油溶性	尚好	稍差	好	好
抗水性	好	好	稍差	较差
高温稳定性	好	好	较好	较差
抗氧化性	好	好	较差	较差
防锈性	较差	较差	好	较差

2. 抗氧抗腐剂

发动机润滑油在使用过程中，与空气中的氧及燃烧气体接触，并在高温金属等催化作用的影响下而逐步进行氧化或“热氧化”，使油品质量变差，以致衰败到必须更换的程度。油品的氧化是一个极其复杂的过程，在内燃机不同的工况下，所发生的氧化过程和所引起的危害也是不同的，在较高温度下工作的发动机润滑油会在活塞环区进行薄油层氧化，而在较低温度使用的油会缓慢进行厚油层氧化。油品氧化产物包括非油溶性的胶质、漆膜、油泥等沉积物，使油品的黏度增高，并引起油路阻塞，尤其会在活塞环区形成积垢，引起黏环，影响功率，机械寿命下降。其酸性氧化物可导致铜、铅等有色金属轴承件的腐蚀。

为了解决在较高温度条件下出现的氧化沉积物（漆膜、积炭等）和轴承腐蚀等与氧化有关的问题，美国在 20 世纪 30 年代末至 40 年代初，经过大量研究，终于发现二烷基二硫代磷酸锌类抗氧剂(ZDDP)具有非常出色的性能。这种添加剂不仅在较高温度下有抗氧抗腐作用，而且兼有抗磨损性能（如凸轮、挺杆等处），是一种多效添加剂。美国在 20 世纪 70 年代又出现了内燃机润滑油早期老化问题，在高温、高负荷下，尤其在变速时，在低温下生成的氧化产物、水等迅速氧化，凝聚成为胶质、油泥，以致内燃机润滑油变稠，影响运转。其解决的办法仍然是用热稳定性较好的二烷基二硫代磷酸盐。

ZDDP 的作用机理比较复杂，抗氧化作用是其本身和热分解产物都能与烃类的氧化产物相互作用，生成具有抗氧化性能和能减慢氧化过程的物质。抗磨抗腐作用是其分解产物在金属表面形成一层保护膜，从而减少了磨损和防止擦伤或咬合。由此可见，现代内燃机润滑油中使用 ZDDP，不仅是为了控制油品氧化，而且还是为了控制腐蚀和极压磨损。

合成 ZDDP 添加剂所用醇类原料不同，其使用性能也不同，仲烷基 ZDDP 分散度较低但具有优良的抗磨性能，主要用于高档汽油机润滑油；伯烷基和芳基 ZDDP 具有优良的热稳定性，主要用于高性能的柴油机润滑油，不同结构 ZDDP 的性质与作用见表 1-2。

随着汽车工业的发展、发动机动力性能的提高，应提高油品的使用温度、延长换油期，发动机润滑油的工作环境更加苛刻。只有 ZDDP 一种抗氧剂组分已不能满足油品氧化安定性的要求。特别是那些要求使用防止催化转换器中毒的低磷润滑油，ZDDP 的使用量将受到限制，因此，必须加入其他高温抗氧剂作为助抗氧剂，如芳胺类抗氧剂、酮化合物。它们与 ZDDP 复合使用可以有效控制油品黏度增长和酸值的变化。

不同结构 ZDDP 的性质与作用 表 1-2

ZDDP		仲烷基	伯烷基	烷基芳基
作用和性能	氧化抑制	优	优	优
	极压/抗磨	优	优	良/差
	热稳定性	差	良	优
发动机性能	汽油机	优	优	良
	柴油机	—	良	优

3. 黏度指数改进剂

黏度指数改进剂是一种油溶性高分子化合物，在室温下一般呈橡胶状或固体。为便于使用，通常用 150SN 或 100SN 的石蜡基中性油稀释为 5% ~10% 的浓缩物。在黏度较低的基础油中添加 1% ~10% 增黏剂，不仅可以提高黏度而且能显著改善黏温性能（含有增黏剂的多级油黏度指数可达到 150 ~200），以适应宽温度使用范围对黏度的要求。黏度指数改进剂的作用：

(1)改善黏温性，具有良好的低温起动性和高温润滑能力，使润滑油可南北通用，四季使用。

(2)能降低润滑油和燃料油的消耗，主要由于它既有利于降低流体润滑为主的“液体摩擦”，又有利于减少边界润滑状态的“固体摩擦”。

(3)降低轴承的磨损。黏度指数改进剂的主要品种是乙烯丙烯共聚物（OCP），聚甲基丙烯酸酯（PMA），聚异丁烯（PIB），苯乙烯/TM 烯或异成 M 烯共聚物（HSD，SDC），各种增黏剂由于化学结构不同，其使用性能有较大差异。

①增黏能力：它的增黏能力与其分子上的主链碳数—[CH_2]n—以及在基础油中的形态有关。其增黏能力顺序为：SDC ≈ OCP > PIB > PMA。多级油中黏度指数改进剂由于高分子的热氧化分解，所以对高温清净性有明显的影响。

②剪切稳定性：剪切稳定性与黏度指数改进剂的相对分子质量、相对分子质量分布、高分子在溶液中的流体力学体积等有关。表 1-3 给出了典型黏度指数改进剂的相对分子质量、相对分子质量分布，增黏能力和剪切稳定性。

典型黏度指数改进剂的剪切稳定性 表 1-3

牌号和种类	Plexol-704 (PMA)	T-603 (PIB)	TLA-347 (OCP)	LZ-7401-A (SDC)
平均相对分子质量，M_V（$\times 10^{-4}$）	7.0	3.1	4.8	8.8
相对分子质量分布（M_ω/M_n）	2.38	2.85	1.83	1.32
增黏能力（单位浓度黏度增长）（η/c）	0.30	0.33	0.69	0.56
剪切稳定指数（PSSI）	41.3	22.7	12.0	12.5
	38.3	28.2	12.4	8.6

由表 1-3 可以看出，SDC 和 OCP 的剪切稳定性好，增黏能力高。

③热氧化安定性：黏度指数改进剂在实际使用中要经受高温氧化，热氧化分解会导致黏度下降、酸值增加、积炭增多、黏环等一系列问题，但加入适量的 ZDDP 抗氧剂可改善其热氧化安定性。

④低温性能：黏度指数改进剂的低温性能，是指其对多级油低温性能的影响。多级内燃机油的低温起动性和低温泵送性，取决于在其使用温度和剪切条下的黏度，低温泵送性又与所使用的黏度指数改进剂有密切的关系。PMA 的低温性能最好，低温黏度（CCS 黏度）和低温泵送黏度（MRV 黏度）最低，而 PIB 最高。

通过上述性能的比较，可为选择黏度指数改进剂提供依据：

OCP 和 HSD 的增黏能力高、剪切稳定性好，适合于调制大功率高速柴油机使用的多级柴油机润滑油，但其低温性能较差，用于配制低黏度多级内燃机润滑油，最好与 PMA 降凝剂复合使用。

PMA 的增黏能力和剪切稳定性较差，不适合单独配制多级内燃机润滑油，但由于低温性能好，较适合配制低黏度级别的多级汽油机润滑油（如 5W/20、5W/30）。

PIB 的剪切稳定性和热氧化安定性较好，但增黏能力和低温性能较差，不能配制黏度级别较低和跨度较大的多级内燃机油。

第二节　发动机润滑油的使用性能

对发动机润滑油提出的具体要求主要包括以下 6 个方面：

（1）在工作期间必须及时可靠地输送到各摩擦零件的表面。

（2）在各种不同的发动机润滑油工况下都能在摩擦面上形成足够牢固的油膜或其他形式的抗磨保护膜，从而减少摩擦和磨损。

（3）及时导出摩擦生成的热，使机件维持正常温度；从摩擦面带走磨屑和其他外来的机械杂质。

（4）本身不具有腐蚀性，并且能保护发动机润滑油零件不受外界腐蚀性介质的作用，以免发生腐蚀或腐蚀性磨损。

（5）在发动机润滑油零件表面形成的沉积物要少。

（6）理化性质稳定，在发动机润滑油工作过程中，油的性质变化缓慢。

发动机润滑油若实现以上功能要求，主要取决于自身所具有的润滑性、黏温性、低温操作性、抗氧化性、抗腐性、清净分散性、抗泡性。

一、润滑性

在各种润滑条件下，发动机润滑油降低摩擦、减缓磨损和防止其金属零部件在正常工作过程中烧结损坏的能力，称为发动机润滑油的润滑性。发动机润滑油所应具有的良好的润滑性，取决于润滑油一定的黏度和化学性质。润滑油的黏度和化学性质，对发动机零件的润滑作用有着重要的影响。

通过图 1-2 所示的斯萃贝克（Stribeck）曲线，能清楚地看出在不同润滑状态下，黏度、零件转速、油膜厚度和零件工作压力等因素，对摩擦因数 f 的综合影响。

一般情况下，摩擦因数 f 可表示为：

$$f = 2\pi^2 \frac{D\eta n}{hp}$$

式中：D——零件直径；

η——润滑油的黏度；

h——油膜厚度；

n——零件的转速；

p——零件承受的压力；

$\frac{\eta n}{hp}$——索莫范尔德(Sommerfeld)准数。

索莫范尔德准数考虑了发动机润滑油和发动机润滑油工况两方面因素对摩擦因数的影响，在索莫范尔德准数中，唯一与润滑性能有关的润滑油自身因素仅为润滑油的黏度。

在图1-2中，自左至右包括3种润滑状态，其中右侧的区域为液体润滑，油膜厚度 h 大于运动副表面粗糙度 δ 时，润滑油所具有一定的黏度是形成液体润滑状态的基本条件。发动机润滑油黏度与其流动时内摩擦力的大小密切相关。在液体润滑区域，摩擦因数随润滑油黏度降低而减小。

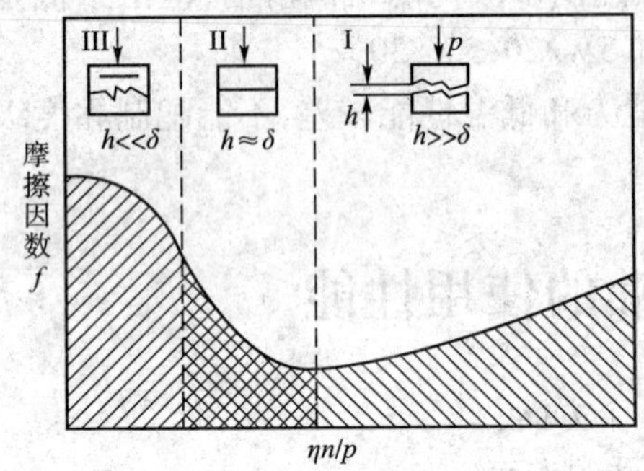

图1-2　润滑油黏度对润滑状态影响的Stribeck曲线

h-油膜厚度；δ-运动副表面粗糙度

当油膜厚度 h 小于运动副表面粗糙度 δ 时，润滑性质为图中左侧区域所示边界润滑状态。此时，起润滑作用的不再是润滑油的黏度，其作用完全由润滑油所具有的油性和极压性两种化学性质所承担。油性是润滑油在摩擦金属表面上的吸附性。润滑油中极性分子定向排列吸附在金属表面形成吸附膜。值得注意的是，这种吸附膜只能在中温、中速、中负荷，或更平和的摩擦情况下才能完成边界润滑任务。当高温、高压、高速时，油性吸附膜将从金属摩擦表面脱附，致使其承担的边界润滑功能失效，在此种苛刻的润滑条件下，边界润滑由润滑油的极压性来完成。

极压性是润滑油在摩擦表面所具有的一种化学反应性质。当润滑油中加入含有硫、磷等元素的化合物添加剂时，高温下这些化合物将分解出硫、磷等活性元素与摩擦表面金属形成化学反应膜，被称之为极压膜。极压膜的熔点和剪切强度比摩擦表面金属低，在摩擦过程中能降低金属零件的摩擦和磨损。因剪切强度较低，极压膜易于在摩擦过程中脱离摩擦金属表面。但新的极压膜会在金属摩擦表面及时生成。

当润滑油黏度低到一定程度时，油膜厚度 h 降低到与运动副表面粗糙度 δ 近似相等，即中间区域表征的状态，称为混合润滑状态，此时润滑油的黏度和化学性质对摩擦因数都有影响，使得摩擦因数处于相对较低的状态。

发动机润滑油黏度是评定润滑性的重要指标。但是，对于边界润滑，主要是油性剂和极压剂起作用，所以，发动机润滑油的润滑性还必须通过相应的发动机润滑油试验评定。

二、低温操作性

发动机润滑油自身保证发动机润滑油在低温条件下容易冷起动和可靠供给发动机润滑油的性能称为发动机润滑油的低温操作性。发动机润滑油应具有良好的低温操作性。

由于发动机润滑油黏度随气温降低而增加，因此使得发动机随着起动温度的降低，转动曲轴的阻力矩随之增加，曲轴转速下降，如图1-3所示，从而造成发动机起动困难。发动机润滑油黏度增加后，由于流动困难，可能使得润滑油提供不足，增加了零件磨损加剧的倾向。综上所述,发动机润滑油的低温操作性包括有利于低温起动和降低起动磨损两方面要求。

评定发动机润滑油低温操作性的主要指标是发动机润滑油的低温黏度、边界泵送温度和倾点等。

三、黏温性

温度对润滑油黏度有着显而易见的影响。温度升高黏度降低,温度降低黏度增大。润滑油的这种随着温度升降而改变其黏度的性质,称为润滑油的黏温性。发动机润滑油应具有良好的黏温性。良好的黏温性是指润滑油的黏度随温度的变化而变化程度较小的特性。

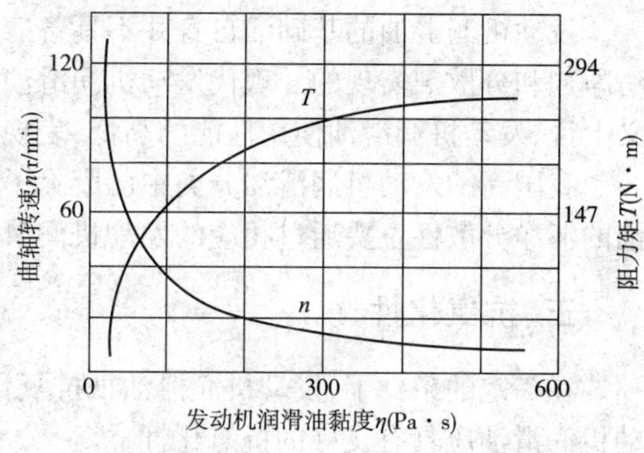

图 1-3　曲轴转速和转动阻力矩 T 与发动机润滑油黏度的关系

发动机润滑油所接触到各润滑部位的工作温度变化差别很大。因此,要求发动机润滑油在高温工作时,能保持一定的黏度,以形成足够厚度的油膜,确保良好的液体润滑效果。在低温工作时,黏度又不至变得太大,以维持一定的流动性,使发动机润滑油低温时容易起动和减小零件的磨损。

目前,在基础油中加入黏度指数改进剂是提高润滑油黏温性的普遍方法。用低黏度的基础油和黏度指数改进剂调配而成,具有良好黏温性,能同时满足低温和高温工作使用要求的发动机润滑油,被称为多黏度级发动机润滑油,俗称稠化机油。

评定发动机润滑油黏温性的指标是发动机润滑油的黏度指数。

四、清净分散性

发动机润滑油能抑制积炭、漆膜和油泥的生成,或将已经生成的这些沉积物冲入润滑油中予以清除的性能,称为发动机润滑油的清净分散性。发动机润滑油应具有良好的清净分散性。

积炭是覆盖在汽缸盖、火花塞、喷油器、活塞顶等发动机高温部位的,厚度较大的固体炭状物质。它是由于燃料燃烧不完全,或是发动机润滑油窜入燃烧室,在高温下分解的烟尘等物质在发动机高温部位的零件上沉积而形成的。

漆膜是一种坚固且有光泽的漆状薄膜形物质,主要产生在活塞环区和活塞裙部。漆膜主要是燃料油或润滑油中的烃类组成物,在高温和金属的催化作用下,经氧化、聚合生成的胶质或沥清质高分子聚合物。

分析其生成机理,漆膜和积炭都属于高温沉积物。一般说来,影响高温沉积物生成的因素是:①发动机的设计和操作条件;②燃料和发动机润滑油的性质。发动机具有废气增压系统、发动机冷却液和发动机润滑油温度高、燃料的馏分重、铅含量和硫含量大等,都是导致积炭和漆膜生成较多的不利因素。

发动机润滑油的重质馏分或添加剂的金属元素含量多,也会促进积炭和漆膜的生成。

油泥是一种比较稳定的油水乳状体与多种杂质的混合凝聚物。与积炭和漆膜比较,油泥属于低温沉积物。城市中行驶的汽车时停时开,发动机润滑油时常在低温条件下运行,易在油底壳中产生油泥。

影响油泥生成的因素主要是发动机的操作条件以及燃料和发动机润滑油的性质。

由于油泥是在较低温度下形成的,因此与导致积炭、漆膜生成的因素相反,冷却液和发动机润滑油温度越低越容易生成油泥。当处于时开时停或怠速状态时，发动机润滑油温度较低，燃烧后生成的水蒸气、CO、CO_2、NO_x、炭末以及燃料的重质馏分等落入油底壳，加速了发动机润滑油的氧化并使之乳化，生成不溶的油泥。例如，曲轴箱窜气量越多，越容易生成油泥。

发动机润滑油的基础油自身并不具备清净分散性，该性能的获取是通过在润滑油中加入清净剂和分散剂实现的。现代发动机润滑油的性能逐渐强化、工作条件越加苛刻。从一定意义上说，发动机润滑油使用性能的高低，表现在清净剂和分散剂的性能和添加量上。

我国新的发动机润滑油分类中已废除了使用性能较低的发动机润滑油，所以，发动机润滑油的清净分散性主要通过相应的发动机润滑油试验来评定。

五、抗氧化性

在一定的条件下，发动机润滑油抵抗氧化变质的能力，称为发动机润滑油的抗氧化性。发动机润滑油应具有良好的抗氧化性。

发动机润滑油在一定条件下会发生化学反应。如果发动机润滑油发生氧化反应，则将使其颜色变深、黏度增加、酸性增大，并析出沉积物。发动机润滑油的氧化是发动机润滑油沉积物生成、发动机润滑油变质的前提。因此，发动机润滑油的抗氧化性也是发动机润滑油的一个重要性质。该性质决定了发动机润滑油在使用中是否容易变质、对零件腐蚀和生成沉积物的倾向，它是决定发动机润滑油使用期限的重要因素。

1. 发动机润滑油的氧化过程

发动机润滑油的氧化过程大体分为两个阶段：

(1)轻度氧化。在这个阶段里，烃类化合物被氧化生成不同类别的酸性物质。

(2)深度氧化。某些酸性产物再度缩合沉淀，形成胶质和油焦质物质。

2. 发动机润滑油的氧化形式

依据发动机润滑油发生氧化时，润滑油所处发动机润滑系统中的工作位置不同，发动机润滑油的氧化又可分为以下两种基本形式。

(1)厚油层氧化。油底壳中的发动机润滑油处在厚油层和低压低温的情况下，不具备深度氧化的条件，所以它的氧化反应属于轻度氧化，反应产物主要是生成各种酸性物质。

(2)薄油层氧化。在活塞与汽缸壁部位，发动机润滑油处在薄油层，在高温、高压和金属催化作用的影响下，发动机润滑油发生的氧化为深度氧化，反应生成的物质是胶质沉淀物。

发动机润滑油自身减缓其氧化变质过程的主要途径是选择合适的馏分、合理精制，在润滑油中添加抗氧化剂或抗氧抗腐剂。

发动机润滑油的抗氧化性通过相应的发动机润滑油试验来评定。

六、抗腐性

发动机润滑油抵抗腐蚀性物质对发动机金属零部件的腐蚀能力，称为发动机润滑油的抗腐性。发动机润滑油应具有良好的抗腐性。

发动机润滑油在使用过程中将不可避免地被氧化而生成各种有机酸，这些有机酸将对金属产生腐蚀作用。其腐蚀机理如下：首先，金属与氧化产物（过氧化物）发生作用，生成金属氧化物，金属氧化物与有机酸反应生成金属盐。尤其是高速柴油机使用的滑动轴承为铜铅或银轴承合金制成，其抗腐性相对较差，在发动机润滑油中即使只有微量的酸性物质，也会引起严重腐蚀，使轴承表面易于产生腐蚀现象，甚至使轴承滑动接触表面金属产生大面积剥落。

提高发动机润滑油抗腐性的主要途径是加深发动机润滑油的精制程度,减小其酸值。同时,要在润滑油中添加适量的抗氧抗腐剂。

评定发动机润滑油抗腐性的指标是中和值或酸值,同时还要进行相应的发动机润滑油试验。

七、抗泡性

发动机润滑油抑制并消除其泡沫的性质,称为发动机润滑油的抗泡性。发动机润滑油应具有良好的抗泡性。

当在油底壳中的发动机润滑油受到激烈搅动时,势必会有空气混入,因此就会在润滑油中产生泡沫。发动机润滑油产生泡沫是一种不良现象,如果不及时予以消除,将会在润滑系统中产生气阻,导致润滑油供应不足等故障。

评定发动机润滑油抗泡性的指标为,生成泡沫倾向和泡沫稳定性两项。

第二章　发动机润滑油使用性能的评定试验

发动机润滑油使用性能的评定，包括发动机润滑油使用性能的评定指标、发动机润滑油使用性能的评定试验两部分内容。

第一节　发动机润滑油使用性能的评定指标

1. 低温动力黏度

任何液体，当其一部分相对于另一部分发生相对运动时都会产生内部阻力，这种阻力是液体分子或其他微粒内摩擦的结果。黏度就是液体流动时内摩擦力的度量指标。

黏度的基本表示方法分为绝对黏度和相对黏度两种，而绝对黏度又分为动力黏度和运动黏度。

(1) 动力黏度表示液体在一定切应力作用下流动时内摩擦力的量度。

(2) 运动黏度表示液体在重力作用下流动时内摩擦力的量度。

相对黏度又称为条件黏度，指工业上的某种液体通过各种特定仪器计量的黏度。

在任何切应力和剪切速率下都显示出恒定黏度的液体，称为牛顿液体。通常所讲的黏度是指牛顿液体的黏度，其具体含义是作用于液体上的切应力与剪切速率之比。其黏度在一定温度下为常数，如图 2-1a) 所示，不随油层间的剪切速率而变化。

低温动力黏度也称为表观黏度，它表示非牛顿液体流动时内摩擦特征的描述。发动机润滑油在低温下的黏度并不具有与温度成比例的变化关系，它在很大程度上与剪切速率有关，在不同的剪切速率下的黏度不为常数，如图 2-1b) 所示，即在同一温度下，剪切速率不同，黏度也不同。有这种黏度特性的液体，称为非牛顿液体。

低温动力黏度是划分冬用发动机润滑油黏度级号的依据之一。

发动机润滑油低温动力黏度的测定标准是《发动机油表观黏度测定法（冷启动模拟机法）》（GB/T 6538—2010）。

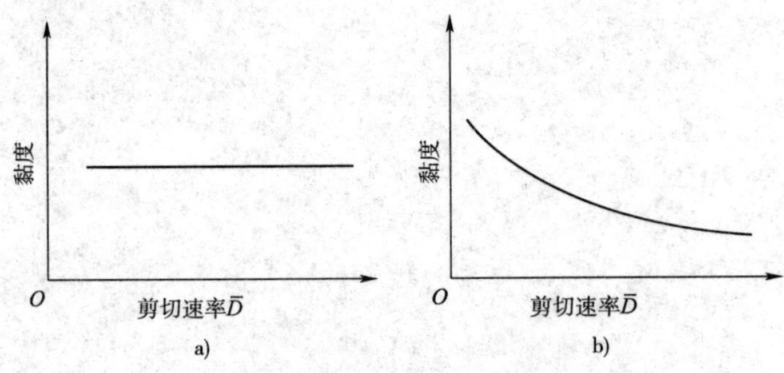

图 2-1　液体低温动力黏度与液体剪切速率的关系

a) 牛顿液体；b) 非牛顿液体

2. 边界泵送温度

能将发动机润滑油连续和充分地供给发动机润滑系统机油泵入口的最低温度，称为边界泵送温度。它是衡量在起动阶段发动机润滑油是否易于流到机油泵入口并提供足够压力的性能。边界泵送温度也是划分冬用发动机润滑油黏度级号的依据之一。

发动机润滑油边界泵送温度的测定标准是《发动机油边界泵送温度测定法》(GB/T 9171—1988)。测定仪器见图2-2。

图2-2 边界泵送温度测定仪

3. 倾点

在规定冷却条件下试验时，某种润滑油能够流动的最低温度，称为该油品的倾点。在相同试验条件下，同一润滑油的凝点比倾点略低。现行发动机润滑油规格中，均采用倾点作为评定发动机润滑油低温操作性的指标之一。

倾点的测定标准是《石油产品倾点测定法》(GB/T 3536—2006)。

4. 黏度指数

在一定的试验条件下，将某种发动机润滑油的黏温性与标准润滑油的黏温性进行比较所得出的相对数值，称为黏度指数。黏度指数一般用VI表示。

黏度指数的概念可用图2-3所示试验曲线予以具体说明。

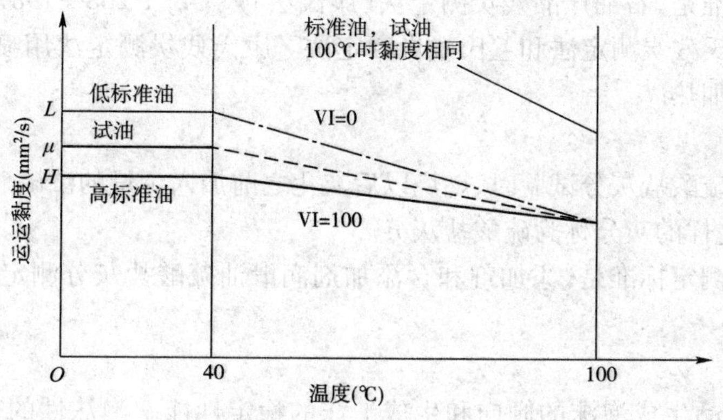

图2-3 黏度指数试验曲线

将某种发动机润滑油与在100℃时同其黏度相同、但黏温性截然不同(高标准油 VI=100；低标准油 VI=0)的两种标准润滑油进行对比试验，比较其在40℃时运动黏度坐标值与两种标准润滑油运动黏度坐标值的相对位置，被测试的润滑油在40℃时的运动黏度越接近高标准油，则黏度指数越高。

对于黏度指数小于 100 的润滑油,黏度指数按下式计算:

$$VI = \frac{L - \mu}{L - H} \times 100$$

式中:VI——黏度指数;

L——黏度指数为 0 的低标准油在 40℃时的运动黏度值(该种油在 100℃时的运动黏度与试油相同);

μ——试油在 40℃时的运动黏度值;

H——黏度指数为 100 的高标准油在 40℃时的运动黏度值(该种油在 100℃时的运动黏度与试油相同)。

黏度指数可根据《石油产品粘度指数计算法》(GB/T 1995—1998)或《石油产品粘度指数计算表》(GB/T 2541—1981)计算。

5. 中和值或酸值

中和值或酸值是评定发动机润滑油抗腐性的指标。中和 1g 试验用某种润滑油中含有的酸性或碱性组分所需的碱量,称为中和值,单位用 mgKOH/g 表示。

中和值表示发动机润滑油在使用期间,经过一定的氧化作用以后,酸、碱值的相对变化。酸值是中和 1g 试验用某种润滑油中的酸所需氢氧化钾的毫克数,单位用 mg KOH/g 表示。碱值是中和 1g 试验用某种润滑油中含有的碱性组分所需的酸量,换算为相当的碱量。

中和值的测定标准是《石油产品和润滑剂酸值测定法(电位滴定法)》(GB/T 7304—2000)。

6. 残炭

油品在试验条件下,受热蒸发或燃烧后残余的炭渣,称为残炭。

根据残炭量的大小,可以大致判断发动机润滑油在发动机中工作时积炭的倾向。一般深度精制的基础油,残炭量小。发动机润滑油中,含氧、硫或氧化物较多时,残炭量也增大。发动机润滑油中添加灰型清净剂和分散剂后,残炭量增大,在发动机润滑油规格中,限制的是加入添加剂前的残炭量。

残炭的测定标准是《石油产品残炭测定法(康氏法)》(GB/T 268—1987)。残炭测定按加热方法不同分为康氏残炭测定法和兰氏残炭测定法。康氏残炭测定法用喷灯加热;兰氏残炭测定法用高温电炉加热。

7. 硫酸盐灰分

润滑油在进行硫酸盐灰分试验时,燃烧以后灰化之前加入少量的浓硫酸,使产生的金属化合物成为硫酸盐,这样的灰分称为硫酸盐灰分。

硫酸盐灰分的测定标准是《添加剂和含添加剂润滑油硫酸盐灰分测定法》(GB/T 2433—2001)。

8. 泡沫性

泡沫性是指油品生成泡沫的倾向和生成泡沫的稳定性能。泡沫性的表示与其测定方法有关。泡沫性测定方法的概要是,在 1000mL 量筒中注入试油 190mL,以(94 ± 5)mL/min 的流量用特制的气体扩散头将空气通入被测试的油品中,经过 5min 后记下量筒中泡沫的体积,即为泡沫倾向,量筒静止 5min 后,再记下泡沫体积,即为泡沫稳定性。试验温度为 24℃、93.5℃再冷却到达 24℃后重做一次。泡沫性用分数形式表示,分子是泡沫倾向,分母是泡沫稳定性。

泡沫性的测定标准是《润滑油泡沫特性测定法》(GB/T 12579—2002)。

第二节　发动机润滑油使用性能的评定试验

发动机润滑油试验是保证发动机润滑油使用性能的重要手段,所以也是发动机润滑油规格的主要内容之一。

发动机润滑油评定试验采用标准的单缸或多缸发动机。符合某一使用性能级别的发动机润滑油必须通过该级别规定的发动机试验评定项目。近年来,随着发动机润滑油新产品的不断出现,还将有相应的新试验方法出台,因此发动机润滑油试验方法在不断发展。

目前,国际上广泛采用的发动机润滑油使用性能的发动机试验方法,主要是美国有关组织设立的两个系列,一是美国研究协调委员会(CRC)采用的 L 系列;二是以美国材料试验协会(ASTM)和美国石油协会(API)为中心制定的 MS 程序试验系列。另外,英国的皮特(Petter)法在国际上的影响逐步扩大。根据这些试验方法,我国已制定出相应的标准。

1. L 系列试验方法

L 系列发动机润滑油试验方法是美国研究协调委员会在卡特比勒发动机润滑油使用性能试验方法的基础上发展起来的。最初包括 L-1、L-2 ~ L-5 等系列试验方法,目前,只保留了 L-1 系列柴油发动机试验和 L-4 系列汽油发动机试验,而且这两个系列的试验方法还在不断演变。

L-l 系列试验方法相继演变为 ID、IGZ 和 IHZ 试验方法。该系列试验方法主要用来评价 CC、CD 级柴油发动机润滑油和 SDCC、SE/CC、SF/CD 汽油/柴油发动机通用润滑油的高温清净性和抗磨性。

L-4 系列试验方法相继演变为 L-38 试验方法。主要用来评定 SC、SE、SF、CC、CD 级发动机润滑油和 SDCC、SE、CC、SF/CC 汽油/柴油发动机通用润滑油的抗高温氧化和抗轴瓦腐蚀性能。

2. MS 程序试验方法

MS 程序试验法是 1958 年为评定发动机润滑油 API 旧分类中的 MS 级发动机润滑油而制定的试验方法。当初是按Ⅰ、Ⅱ、Ⅲ、Ⅳ、Ⅴ5 个程序,以不同目的在多缸试验机上进行的。随着发动机润滑油使用性能级别的提高,各程序的试验规范也在不断修改,以Ⅰ、Ⅱ、Ⅲ、Ⅳ、Ⅴ每个程序后面注 A、B、C、D…来表示。目前,评定 SE、SF 级汽油发动机润滑油和 SE/CC、SF/CD 汽油/柴油发动机通用润滑油,均采用ⅡD、ⅢD、ⅤD 等试验方法。ⅡD 法的试验目的是评定发动机润滑油的低温防锈蚀性能,ⅢD 法是为了评定发动机润滑油的抗高温氧化和抗腐蚀性能,ⅤD法是为了评定发动机润滑油的防低温沉积物的性能。为评定 SG 汽油发动机润滑油,MS 程序试验已发展为ⅡE、ⅢDE、ⅤE等试验方法。

3. 皮特(Petter)试验方法

在美国的发动机润滑油试验方法基础上,欧洲共同市场汽车制造商委员会(CCMC)发展了皮特试验方法,具体分为皮特 W-1 法和皮特 AVB 法。目前,在我国发动机润滑油规格中,多采用皮特 AVB 法来评定 CC、CD、SC、SD、SE、SF 级发动机润滑油和 SD/CC、SE/CC、SF/CD 汽油/柴油发动机通用润滑油的抗高温氧化和抗轴瓦腐蚀性能。

4. 我国的试验方法

为发展和评价高使用性能级别的发动机润滑油,我国从 20 世纪 80 年代末开始逐步完善发动机润滑油试验评定方法。目前,相当于国际的 L-l 系列和 L-4 系列、MS 程序试验、皮特试验方法等发动机润滑油评定试验的技术标准已经颁布，如表 2-1 所示。

我国发动机润滑油的试验标准　　表 2-1

国际方法	我国技术标准
L-1 系列方法	《内燃机油性能评定法（开特皮勒 1H2 法）》（GB 9932—1988） 《内燃机油性能评定法（开特皮勒 1G2 法）》（GB 9933—1988）
L-4 系列方法	《内燃机油高温氧化和轴瓦腐蚀评定法（L-38 法）》（SH/T 0265—1992）
MS 程序试验方法	《汽油机油低温锈蚀评定法（MS 程序ⅡD 法）》（SH/T 0512—1992） 《汽油机油高温氧化和磨损评定法（MS 程序ⅢD 法）》（SH/T 0513—1992） 《汽油机油低温沉积物评定法（MS 程序ⅤD 法）》（SH/T 0514—1992） 《QC 汽油机油性能评定法（程序Ⅱ、Ⅲ、ⅤD 法）》（SH/T 0515—1992） 《QD 汽油机油性能评定法（程序Ⅱ、Ⅲ、ⅤD 法）》（SH/T 0516—1992）
皮特试验方法	《内燃机油高温氧化和轴瓦腐蚀评定法（皮特 W-1 法）》（SH/T 0264—1992）

第三章 发动机润滑油的规格标准及技术要求

发动机润滑油是在精制的矿物油、合成油中加入金属清净剂、无灰分散剂、抗氧抗腐剂、黏度指数改进剂、降凝剂、抗泡剂、防锈剂等各类添加剂而制成的,其品种、规格是按照基础油的性能和各种添加剂所含数量来划分的。目前,美国润滑油的 API 性能分类法和 SAE 黏度分类法已被世界各国所公认和广泛采用,我国也参照这两种润滑油的分类方法制定了《内燃机油分类》(GB/T 7631.3)和《内燃机油粘度分类》(GB/T 14906—1994)两项国家标准,相应制定了我国内燃机油的质量分类法和黏度分类法。

因此,发动机润滑油的分类,应该包括国外发动机润滑油和我国发动机润滑油等两个不同的分类体系,但其均以发动机润滑油的黏度和使用性能作为分类的基本要素,即发动机润滑油分类包括按黏度分类和按使用性能分类两个方面。

第一节 发动机润滑油的分类

一、国外发动机润滑油的分类

国际上广泛采用美国汽车工程师协会(SAE)的黏度分类法和美国石油协会(API)的使用性能分类法。上述分类方法与汽车发动机润滑油各发展阶段的结构、性能和使用要求有着紧密的联系。

(1)国外发动机润滑油的 SAE 黏度分类。1911 年,美国汽车工程师协会(Society of Automotive Engineers,SAE)制定了发动机润滑油黏度分类法,中间曾几次修改,目前执行的是《发动机润滑油黏度分类》(SAE J300—2000),如表 3-1 所示。该标准采用含字母 W 和不含字母 W 两组系列黏度等级号划分,前者以最大低温黏度、最大低温泵送温度下的黏度和 100℃时的最小运动黏度划分;后者仅以 100℃时的运动黏度划分。冬用的发动机润滑油黏度等级以 6 个含 W 的低温黏度级号(0W、5W、10W、15W、20W 和 25W)表示;夏用发动机润滑油黏度等级以 5 个不含 W 的 100℃时的运动黏度级号(20、30、40、50 和 60)表示。

按美国汽车工程师协会(SAE)的黏度分类体系,发动机润滑油还有单黏度级和多黏度级(稠化机油)之分。只能满足低温或高温一种黏度级别要求的发动机润滑油,称为单黏度级发动机润滑油。而既能满足低温工作时黏度级别要求,又能满足高温工作时黏度级要求的发动机润滑油,称为多黏度级发动机润滑油,用低温黏度级号与高温黏度级号组合来表示。多级油是由一些经黏度指数改进剂调配,具有多黏度等级的内燃机润滑油,其低温黏度小,100℃运动黏度较高。目前,多级油主要有 5W/20、SW/30、10W/30、15W/40、20W/40 等牌号,牌号标记的分子 5W、10W、15W、20W 等表示低温黏度等级,牌号标记的分母 20、30、40 等表示 100℃时的运动黏度等级。例如 5W/30,其含义为一种多黏度级发动机润滑油,这种油在低温使用时符合 SAE 5W 黏度级;在 100℃时运动黏度符合 SAE 30 黏度级。可见,多级油可以四季通用。

发动机润滑油 SAE J300—2000 黏度分类　　表 3-1

SAE 黏度等级	低温黏度（MPa·s）（最大）	低温泵送温度下黏度（MPa·s）（最大）	运动黏度（mm^2/s）（100℃）		高温剪切黏度（MPa·s）（150℃，106/s）（最小）
			（最小）	（最大）	
0W	6200（-35℃）	6000（-40℃）	3.8	—	—
5W	6600（-30℃）	6000（-35℃）	3.8	—	—
10W	7000（-25℃）	6000（-30℃）	4.1	—	—
40	—	—	12.5	<16.3	2.9（0W/40，5W/40，10W/40）
	—	—	12.5	<16.3	3.7（15W/40，20W/40，25W/40，40）
50	—	—	16.3	<21.9	3.7
60	—	—	16.3	<26.1	3.7
试验方法	ADTM-D5293	ASTM-D4684	ASTM-D445		ASTM-D4683（ASTM-D4741）

（2）国外发动机润滑油 API 使用性能分类。发动机润滑油的使用性能分类，是根据在发动机润滑油试验评定中所表现的抗磨性、清净分散性和抗氧化腐蚀性等确定其等级。

发动机润滑油 API 使用性能分类开始于 1947 年，当时只将发动机润滑油分为普通、优质和重负荷 3 个级别。

1952 年的 API 使用性能分类，将汽油发动机润滑油分为 ML、MM 和 MS（相当于以后新分类的 SA、SC 或 SD）3 个级别，将柴油发动机润滑油分为 DC、DM 和 DS（相当于以后新分类的 CA 或 CC 和 CD）3 个级别。

1970 年，美国石油协会（American Petroleum Institute，API）、美国汽车工程师协会（SAE）和美国材料试验协会（American Society for Testing and Materials，ASTM），共同提出了发动机润滑油的使用性能必须通过规定的发动机试验来确定，即 API 使用性能分类法。该分类将汽油发动机润滑油规定为 S 系列（Service Station Classification，加油站分类）；将柴油发动机润滑油规定为 C 系列（Commercial Classification，工商业分类）。在 S 系列中又细分为 SA、SB、SC、SD、SE、SF、SG 和 SH 8 个级别，在 C 系列中又细分为 CA、CB、CC、CD、CD-Ⅱ、CE 和 CF-4 7 个级别。其宗旨是按发动机润滑油强化程度和工作条件的苛刻程度来划分发动机润滑油的等级，以保证润滑油的使用性能。以上两个系列的各级油品质量除应符合各自规定的理化性能要求外，还必须通过规定的发动机试验。API 使用性能分类法今后将随着发动机和发动机润滑油技术的发展，循序渐进地增加新级别的油品。

二、我国发动机润滑油的分类

依据国外发动机润滑油的分类原则，我国发动机润滑油的分类，也包括按黏度分类和按使用性能分类两个系列。

（1）按黏度分类。我国发动机润滑油的级别过去是按发动机润滑油在 100℃时运动黏度数值大小来确定的，如汽油发动机润滑油有 8、11、14、18 等牌号。目前，我国的发动机润滑油黏度分类，参照美国汽车工程师协会《发动机润滑油黏度分类》（MJ 300—2000）的标准确定。表 3-2 所示为国产发动机润滑油的黏度等级分类。该分类标准包括含字母“W”和不含字母“W”两组黏度等级系列，含字母“W”等级系列与低温起动有关，着重于发动机润滑油的最低泵送温度及低于 0℃时的黏度，不含字母“W” 等级系列则只表示在 100℃时的运动黏度，以及高温剪切黏度。

由于分类只标出低温黏度范围的上限,故此"W"级别低的润滑油能符合任何"W"级别较高的润滑油的黏度要求,即"10W"润滑油可满足"15W"、"20W"或"25W"润滑油的黏度要求。

我国内燃机油的粘度分类(GB/T 14906—1994)　　表 3-2

SAE 黏度等级	低温黏度(MPa·s)(不大于)	边界泵送温度(℃)(不高于)	100℃运动黏度(mm^2/s)		高温剪切黏度(MPa·s)(150℃,106/s)(不低于)
			不低于	不高于	
0W	3250(-30℃)	-40	3.8	—	—
5W	3500(-25℃)	-35	3.8	—	—
10W	3500(-20℃)	-30	4.1	—	—
15W	3500(-15℃)	-25	5.6	—	—
20W	4500(-10℃)	-20	5.6	—	—
25W	6000(-5℃)	-15	9.3	—	—
20	—	—	5.6	<9.3	2.6
30	—	—	9.3	<12.5	3.9
40	—	—	12.5	<16.3	2.9(1)
	—	—	12.5	<16.3	3.7(2)
50	—	—	16.3	<21.9	3.7
60	—	—	21.9	<26.1	3.7

关于我国发动机润滑油黏度等级分类,也有单级油和多级油之分。任何具有一种牛顿液体性质的润滑油标为单级油。一些经过添加黏度指数改进剂调配后的发动机润滑油,具有非牛顿液体性质的多黏度等级特征,应标注适当的多黏度等级。一个多黏度级发动机润滑油,其低温黏度和边界泵送温度满足系列中一个 W 级的需要,同时 100℃运动黏度属于系列中的一个非 W 级分类规定的黏度范围,即包括 W 的低温黏度级和 100℃运动黏度级,并且两黏度级号之差至少等于 15。例如,一个多级油可标为 10W/30 或 20W/40,不可标为 10W/20 或 20W/20。某一油品可能同时符合多个 W 级,所标记的含 W 级号或多黏度等级号只取最低 W 级号。例如,一个多级油同时符合 10W、15W、20W、25W 和 30 级号,黏度牌号只能标为 10W/30。

(2)按使用性能分类。《内燃机分类》(GB/T 28772—2012)是非等效地采用美国《发动机润滑油性能及发动油使用分类》(SAE J183—1991)标准制定的我国内燃机油的分类标准。该标准规定了汽车用及其他固定式内燃机润滑油(汽油发动机和柴油发动机润滑油)的详细分类,但不包括铁路内燃机车柴油机润滑油和船用柴油机润滑油。

四冲程发动机润滑油的详细分类是根据产品特性、使用场合和使用对象确定的。汽油发动机润滑油第一个字母用 S 表示,具体分类如表 3-3 所示。柴油发动机润滑油第一个字母用 C 表示,具体分类如表 3-4 所示。根据《内燃机油分类》(GB/T 28772—2012)生产的我国各类发动机润滑油产品,其使用性能与美国 API 分类的对应关系如表 3-5 所示。

发动机润滑油的命名和标记,应包括使用性能级别代号和黏度级别代号两部分。

例如,一个确定的汽油发动机润滑油产品可命名为 SE30;一个确定的柴油发动机润滑油产品可命名为 CC10/30;一个确定的汽油/柴油发动机通用润滑油产品可命名为 SJ/CF-4 5W-30 通用内燃机润滑油或 CF-4/SJ 5W-30 通用内燃机润滑油,前者表示其配方首先满足 SJ 汽油机润滑油要求,后者表示其配方首先满足 CF-4 柴油机润滑油要求,两者均需同时符合 SJ 汽油机润滑油和 CF-4 柴油机润滑油的全部质量指标。

我国汽油发动机润滑油详细分类及使用特性 表 3-3

品种代号	特性与使用
SA(废除)	用于运行条件非常温和的老式发动机润滑油,该油不含添加剂,对使用性能无特殊要求。由于该油品仅适合已经淘汰的老式汽油发动机,已经没有效能要求,因此已经废除
SB(废除)	用于缓和条件下工作的货车、客车或其他汽油发动机,也可用于要求使用 API SB 级润滑油的汽油发动机。由于该油品仅具有抗氧化和抗轴承腐蚀性能,使用性能较差,因此也已经废除
SC(废除)	用于货车、客车或其他汽油发动机以及要求使用 API SC 级发动机润滑油的汽油发动机,可控制汽油发动机工作时的软低温沉积物、磨损、锈蚀和腐蚀等指标
SD(废除)	用于货车、客车和某些轿车的汽油发动机以及要求使用 API SE、SC 级发动机润滑油的汽油发动机。此种油品控制汽油发动机高温沉积物、磨损、锈蚀和腐蚀的性能优于 SC 润滑油,并可替代 SC 级润滑油
SE	用于轿车和某些货车的汽油发动机以及要求使用 API SE、SD 级汽油发动机润滑油的汽油发动机。此种油品的抗氧化性能及控制汽油发动机高温沉积物、腐蚀和锈蚀的性能优于 SD 或 SC 级润滑油,并可代替 SD 或 SC 级润滑油
SF	用于轿车和某些货车的汽油发动机以及要求 API SF 级发动机润滑油的汽油发动机。此种油品的抗氧化性和抗磨损性优于 SE 级润滑油,还具有控制汽油发动机沉积物、锈蚀和废蚀的性能,并可代替 SE、SD 或 SC 级润滑油
SG	用于轿车和某些货车的汽油发动机以及要求使用 API SG 级汽油发动机润滑油的汽油发动机。SG 级润滑油质量还包括 CC(或 CD)级润滑油的使用性能。此种油品改进 SF 级润滑油控制发动机润滑油沉积物、磨损和油品的氧化性能,具有抗锈蚀和腐蚀的性能,并可代替 SF、SF/CD、SE 或 CC 级润滑油
SH	用于轿车和轻型货车的汽油发动机以及要求使用 API SH 级汽油发动机润滑油的汽油发动机。SH 级润滑油质量在汽油发动机受损、锈蚀、腐蚀及沉积物的控制和润滑油的抗氧化方面优于 SG 级润滑油,并可代替 SG 级润滑油

我国柴油发动机润滑油详细分类及使用特性 表 3-4

品种代号	特性与使用
CA(废除)	用于使用优质柴油的柴油发动机,在轻到中负荷下运行的柴油发动机以及要求使用 API CA 级柴油发动机润滑油的柴油发动机,有时也用于运行条件温和的汽油发动机,具有一定的高温清净性和抗氧抗腐性
CB(废除)	用于柴油质量较低的柴油发动机,在轻到中负荷下运行的柴油发动机以及要求使用 API CB 级柴油发动机润滑油的柴油发动机,有时也用于运行条件温和的汽油发动机,具有控制发动机润滑油高温沉积物和轴承腐蚀的性能
CC	用于在中到重负荷下运行的非增压、低增压或增压式柴油发动机,并包括一些重负荷汽油发动机。对于柴油发动机,具有控制高温沉积物和轴瓦腐蚀的性能;对于汽油发动机,具有控制腐蚀、锈蚀和高温沉积物的性能,并可代替 CA、CB 级润滑油
CD	用于需要高效控制磨损和沉积物或使用包括高硫燃料非增压、低增压及增压式柴油发动机,以及国外要求使用 API CD 级润滑油的柴油发动机,具有控制轴承腐蚀和高温沉积物的性能,并可代替 CC 级润滑油
CD-Ⅱ	用于要求高效控制磨损和沉积物的重负荷二冲程柴油发动机以及要求使用 API CD-Ⅱ级柴油发动机润滑油的柴油发动机,同时也可以满足 CD 级润滑油的性能要求
CE	用于低速高负荷和高速高负荷条件下运行的低增压及增压式重负荷柴油发动机,以及要求使用 API CE 级润滑油的柴油发动机,同时也满足 CD 级润滑油的性能要求
CF-4	用于高速四冲程以及要求使用 API CF-4 级柴油发动机润滑油的柴油发动机。在油耗和活塞沉积物控制方面性能优于 CE 级润滑油,并可代替 CE 级润滑油。此种润滑油油品特别适用于高速公路行驶的重负荷货车

我国发动机润滑油产品分类与 API 产品分类的对应关系 表 3-5

我国发动机润滑油分类	API 分类	我国发动机润滑油分类	API 分类
SC≠SC		SF = SF	
SD≠SD		CC = CC	
SE = SE		DD = DD	

第二节 发动机润滑油的规格与技术要求

一、汽油发动机润滑油的规格与技术要求

在我国现行的有关标准中,《汽油机油》(GB 11121—2006)规定了 SE、SF、SG、SH、GF-1、SJ、GF-2、SL、GF-3 9 个级别的汽油发动机油的规格。《柴油机油》(GB 11122—2006)规定了 CC、CD、CF、CF-4、CH-4、CI-4 6 个级别的柴油机油规格。

1. 汽油发动机润滑油的规格

《汽油机油》(GB 11121—2006)中规定了现行的汽油发动机润滑油黏温性能要求,如表 3-6 和表 3-7 所示。

SE、SF 汽油机润滑油黏温性能要求 表 3-6

项目		低温动力黏度(mPa·s)不大于	边界泵送温度(℃)不大于	运动黏度(100℃)(mm^2/s)	黏度指数不小于	倾点(℃)不高于
试验方法		GB/T 6538	GB/T 9171	GB/T 265	GB/T 1995、GB/T 2541	GB/T 3535
质量等级	黏度等级	—	—	—	—	
SE、SF	0W-20	3250(-30℃)	6000(-40℃)	5.6~9.3	—	-40
	0W-30	3250(-30℃)	6000(-40℃)	9.3~12.5	—	
	5W-20	3500(-25℃)	6000(-35℃)	5.6~9.3	—	-35
	5W-30	3500(-25℃)	6000(-35℃)	9.3~12.5	—	
	5W-40	3500(-25℃)	6000(-35℃)	12.5~16.3	—	
	5W-50	3500(-25℃)	6000(-35℃)	16.3~21.9	—	
	10W-30	3500(-20℃)	6000(-30℃)	9.3~12.5	—	-30
	10W-40	3500(-20℃)	6000(-30℃)	12.5~16.3	—	
	10W-50	3500(-20℃)	6000(-30℃)	16.3~21.9	—	
	15W-30	3500(-15℃)	6000(-25℃)	9.3~12.5	—	-23
	15W-40	3500(-15℃)	6000(-25℃)	12.5~16.3	—	
	15W-50	3500(-15℃)	6000(-25℃)	16.3~21.9	—	
	20W-40	4500(-10℃)	6000(-20℃)	12.5~16.3	—	-18
	20W-50	4500(-10℃)	6000(-20℃)	16.3~21.9	—	
	30	—	—	9.3~12.5	75	-15
	40	—	—	12.5~16.3	80	-10
	50	—	—	16.3~21.9	80	-5

SG、SH、GF-1、SJ、GF-2、SL、GF-3 汽油机润滑油黏温性能要求 表 3-7

项目		低温动力黏度(mPa·s)不大于	低温泵送黏度(mPa·s)不大于	运动黏度(100℃)(mm^2/s)	高温高剪切黏度(150℃,$10^6/s$)(mPa·s)不小于	黏度指数不小于	倾点(℃)不高于
试验方法		GB/T 6538、ASTM D5293	SH/T 0562	GB/T 265	SH/T 0618[③]、SH/T 0703、SH/T 0751	GB/T 1995、GB/T 2541	GB/T 3535
质量等级	黏度等级	—	—	—	—	—	—
SG、SH、GF-1[①]、SJ、GF-2[②]、SL、GF-3	0W-20	6200(-35℃)	6000(-40℃)	5.6~9.3	2.6	—	40
	0W-30	6200(-35℃)	6000(-40℃)	9.3~12.5	2.9	—	
	5W-20	6600(-30℃)	6000(-35℃)	5.6~9.3	2.6	—	-35
	5W-30	6600(-30℃)	6000(-35℃)	9.3~12.5	2.9	—	
	5W-40	6600(-30℃)	6000(-35℃)	12.5~16.3	2.9	—	
	5W-50	6600(-30℃)	6000(-35℃)	16.3~21.9	3.7	—	
	10W-30	7000(-25℃)	6000(-30℃)	9.3~12.5	2.9	—	-30
	10W-40	7000(-25℃)	6000(-30℃)	12.5~16.3	2.9	—	
	10W-50	7000(-25℃)	6000(-30℃)	16.3~21.9	3.7	—	
	15W-30	7000(-20℃)	6000(-25℃)	9.3~12.5	2.9	—	-25
	15W-40	7000(-20℃)	6000(-25℃)	12.5~16.3	3.7	—	
	15W-50	7000(-20℃)	6000(-25℃)	16.3~21.9	3.7	—	
	20W-40	9500(-15℃)	6000(-20℃)	12.5~16.3	3.7	—	-20
	20W-50	9500(-15℃)	6000(-20℃)	16.3~21.9	3.7	—	
	30	—	—	9.3~12.5	—	75	-15
	40	—	—	12.5~16.3	—	80	-10
	50	—	—	16.3~21.9	—	80	-5

注:①10W 黏度等级低温动力黏度和低温泵送黏度的试验温度均升高 5℃,指标分别为:不大于 3500mPa·s 和 30000mPa·s。

②10W 黏度等级低温动力黏度的试验温度升高 5℃,指标为:不大于 3500mPa·s。

③为仲裁方法。

2. 汽油发动机润滑油技术要求

汽油发动机润滑油的技术要求,包括理化性能要求和发动机试验要求两个方面。

根据国家现行有关标准《汽油机油》(GB 11121—2006)的规定,表 3-8、表 3-9 分别列出了 SE、SF、SG、SH、GF-1、SJ、GF-2、SL、GF-3 等汽油发动机润滑油产品的模拟性能和理化性能要求,表 3-10 分别列出了 SE、SF、SG、SH、GF-1、SJ、GF-2、SL、GF-3 等汽油发动机润滑油产品的发动机试验要求。

汽油机润滑油模拟性能和理化性能要求　　表 3-8

项　　目	质量指标								试验方法
	SE	SF	SG	SH	GF-1	SJ	GF-2	SL、GF-3	
水分(体积分数)(%)不大于	痕　　迹								GB/T 260
泡沫性(泡沫倾向/泡沫稳定性)/(mL/mL) 24℃　不大于 93.5℃　不大于 后 24℃　不大于 150℃　不大于	25/0 150/0 25/0 —	10/0 50/0 10/0 报告				10/0 50/0 10/0 200/50		10/0 50/0 10/0 100/0	GB/T 12579[①] SH/T 0722[②]
蒸发损失[③](质量分数)(%)不大于		5W-30 10W-30 15W-40			0W 和 5W / 所有其他多级油	0W-20、5W-20、5W-30、10W-30 / 所有其他多级油			
诺亚克法(250℃,1h)	—	25	20	18	25 / 20	22 / 20	22	15	SH/T 0059
或	—								
气相色谱法(371℃馏出量)	—	20	17	15	20 / 17		—	—	SH/T 0558
方法 1		—	—	—	— / —		17	—	SH/T 0695
方法 2		—	—	—	— / —	— / —	17	10	ASTM D 6417
方法 3						17 / 15			
						17 / 15			
过滤性(%)　不大于 EOFT 流量减少 EOWTT 流量减少 用 0.6% H_2O 用 1.0% H_2O 用 2.0% H_2O 用 3.0% H_2O	— — — — —		5W-30 15W-40 10W-30 50　无要求 — — — —		50 — — — —	50 报告 报告 报告 报告	50 — — — —	50 50 50 50 50	ASTM D 6795 ASTM D 6794
均匀性和混合性	—	与 SAE 参比油混合均匀							ASTM D 6922
高温沉积物(mg)不大于 TEOST TEOST MHT	— —		— —		— —	60 —	60 —	45 —	SH/T 0750 ASTM D 7097
凝胶指数　不大于	—		—		—	12　无要求	12[④]	12[④]	SH/T 0732
机械杂质(质量分数)(%)　不大于	0.01								GB/T 511
闪点(开口)(t)(黏度等级)不低于	200(0W、5W 多级油);205(10W 多级油);215(15W、20W 多级油);220(30);225(40);230(50)								GB/T 3536
磷(质量分数)(%)不大于	—		0.12[⑤]		0.12	0.10[⑥]	0.10	0.10[⑦]	GB/T 17476[⑧] SH/T 0296、 SH/T 0631、 SH/T 0749

注:①对于 SG、SH、GF-1、SJ、GF-2、SL 和 GF-3,需首先进行步骤 A 试验。

②为 1min 后测定稳定体积。对于 SL 和 GF-3 可根据需要确定是否首先进行步骤 A 试验。

③对于 SF、SG 和 SH,除规定了指标的 5W/30、10W/30 和 15W/40 之外的所有其他多级油均为“报告”。

④对于 GF-2 和 GF-3,凝胶指数试验是从 -5℃ 开始降温直到黏度达到 40000mPa·s(40000cP)时的温度或温度达到 -40℃ 时试验结束,任何一个结果先出现即视为试验结束。

⑤仅适用于 5W-30 和 10W-30 黏度等级。

⑥仅适用于 0W-20、5W-20、5W-30 和 10W-30 黏度等级。

⑦仅适用于 0W-20、5W-20、0W-30、5W-30 和 10W-30 黏度等级。

⑧仲裁方法。

汽油机润滑油理化性能要求 表 3-9

项　目	质量指标		试验方法
	SE、SF	SG、SH、GF-1、SJ、GF-2、SL、GF-3	
碱值①(以 KOH 计)(mg/g)	报告		SH/T 0251
磷酸盐灰分①(质量分数)(%)	报告		GB/T 2433
硫①(质量分数)(%)	报告		GB/T 387、GB/T 388、GB/T 11140、GB/T 17040、GB/T 17476、SH/T 0172、SH/T 0631、SH/T 0749
磷①(质量分数)(%)	报告	见表 3-8	GB/T 17476、SH/T 0296 SH/T 0631、SH/T 0749
氮①(质量分数)(%)	报告		GB/T 9170、SH/T 0656、SH/T 0704

注:①生产者在每批产品出厂时要向使用者或经销者报告该项目的实测值,有争议时以发动机台架试验结果为准。

汽油机润滑油发动机试验要求 表 3-10

质量等级	项　目		质量指标	试验方法
SE	L-38 发动机试验			SH/T 0265
	轴瓦失重①(mg)	不大于	40	
	剪切安定性②			SH/T 0265
	100℃运动黏度(mm^2/s)		在本等级油黏度范围之内(适用于多级油)	GB/T 265
	程序ⅡD 发动机试验			SH/T 0512
	发动机锈蚀平均评分	不小于	8.5	
	挺杆黏结数		无	
	程序ⅤD 发动机试验			SH/T 0514 SH/T 0672
	发动机油泥平均评分	不小于	9.2	
	活塞裙部漆膜平均评分	不小于	6.4	
	发动机漆膜平均评分	不小于	6.3	
	机油滤网堵塞(%)	不大于	10.0	
	油环堵塞(%)	不大于	10.0	
	压缩环黏结		无	
	凸轮磨损(mm)			
	平均值		报告	
	最大值		报告	
SF	L-38 发动机试验			SH/T 0265
	轴瓦失重①(mg)	不大于	40	
	剪切安定性②			SH/T 0265
	100℃运动黏度(mm^2/s)		在本等级油黏度范围之内(适用于多级油)	GB/T 265
	程序ⅡD 发动机试验			
	发动机锈蚀平均评分	不小于	8.5	SH/T 0512
	挺杆黏结数		无	
	程序ⅢD 发动机试验(64h)			SH/T 0513
	黏度增长(%)	不大于	375	SH/T 0783
	发动机平均评分			
	发动机油泥平均评分	不小于	9.2	
	活塞裙部漆膜平均评分	不小于	9.2	
	油环台沉积物平均评分	不小于	4.8	
	环黏结		无	
	挺杆黏结		无	
	擦伤和磨损			

续上表

质量等级	项　　目		质量指标	试验方法
SF	凸轮或挺杆擦伤		无	
	凸轮加挺杆磨损(mm)			
	平均值	不大于	0.102	
	最大值	不大于	0.203	
	程序ⅤD 发动机试验			SH/T 0514
	发动机油泥平均评分	不小于	9.4	SH/T 0672
	活塞裙部漆膜平均评分	不小于	6.7	
	发动机漆膜平均评分	不小于	6.6	
	机油滤网堵塞(%)	不大于	7.5	
	油环堵塞(%)	不大于	10.0	
	压缩环黏结		无	
	凸轮磨损(mm)			
	平均值	不大于	0.025	
	最大值	不大于	0.064	
SG	L-38 发动机试验			SH/T 0265
	轴瓦失重(mg)	大于	40	
	活塞裙部漆膜评分	不小于	9.0	
	剪切安定性,运转 10h 后的运动黏度		在本等级油黏度范围之内 (适用于多级油)	SH/T 0265 GB/T 265
	程序ⅡD 发动机试验			SH/T 0512
	发动机锈蚀平均评分	不小于	8.5	
	挺杆黏结数		无	
	程序ⅢE 发动机试验			SH/T 0758
	黏度增长(40℃,375%)(h) 不小于		64	
	发动机油泥平均评分	不小于	9.2	
	活塞裙部漆膜平均评分	不小于	8.9	
	油环台沉积物平均评分	不小于	3.5	
	环黏结(与油相关)		无	
	挺杆黏结		无	
	擦伤和磨损(64h)			
	凸轮或挺杆擦伤		无	
	凸轮加挺杆磨损(mm)			
	平均值	不大于	0.030	
	最大值	不大于	0.064	
	程序ⅤE 发动机试验			SH/T 0759
	发动机油泥平均评分	不小于	9.0	
	摇臂罩油泥评分	不小于	7.0	
	活塞裙部漆膜平均评分	不小于	6.5	
	发动机漆膜平均评分	不小于	5.0	
	机油滤网堵塞(%)	不大于	20.0	
	油环堵塞(%)		报告	
	压缩环黏结(热黏结)		无	
	凸轮磨损(mm)			
	平均值	不大于	0.130	
	最大值	不大于	0.380	

续上表

质量等级	项　　目		质量指标	试验方法
SH	L-38发动机试验			SH/T 0265
	轴瓦失重(mg)	不大于	40	
	剪切安定性,运转10h后的运动黏度		在本等级油黏度范围之内（适用于多级油）	SH/T 0265 GB/T 265
	或			ASTM D 6709
	程序Ⅷ发动机试验			
	轴瓦失重(mg)	不大于	26.4	
	剪切安定性,运转10h后的运动黏度		在本等级油黏度范围之内（适用于多级油）	
	程序ⅡD发动机试验			SH/T 0512
	发动机锈蚀平均评分	不小于	8.5	
	挺杆黏结数		无	
	或			
	球锈蚀试验			SH/T 0763
	平均灰度值(分)	不小于	100	
	程序ⅢE发动机试验			SH/T 0758
	黏度增长(40℃,375%)(h)	不小于	64	
	发动机油泥平均评分	不小于	9.2	
	活塞裙部漆膜平均评分	不小于	8.9	
	油环台沉积物平均评分	不小于	3.5	
	环黏结(与油相关)		无	
	挺杆黏结		无	
	擦伤和磨损(64h)			
	凸轮或挺杆擦伤		无	
	凸轮加挺杆磨损(mm)			
	平均值	不大于	0.030	ASTM D 6984
	最大值	不大于	0.064	
	或			
	程序ⅢF发动机试验			
	运动黏度增长(40℃,60h)(%)	不大于	325	
	活塞裙部漆膜平均评分	不小于	8.5	
	活塞沉积物评分	不小于	3.2	
	凸轮加挺杆磨损(mm)	不大于	0.020	
	热黏环		无	
	程序ⅤE发动机试验			SH/T 0759
	发动机油泥平均评分	不小于	9.0	
	摇臂罩油泥评分	不小于	7.0	
	活塞裙部漆膜平均评分	不小于	6.5	
	发动机漆膜平均评分	不小于	5.0	
	机油滤网堵塞(%)	不大于	20.0	
	油环堵塞(%)		报告	
	压缩环黏结(热黏结)		无	

续上表

质量等级	项　　目	质量指标	试验方法
SH	凸轮磨损(mm) 平均值　不大于 最大值　不大于　或 程序ⅣA 阀系磨损试验 平均凸轮磨损(mm)　不大于 加:程序ⅤC 发动机试验 发动机油泥平均评分　不小于 摇臂罩油泥评分　不小于 活塞裙部漆膜平均评分　不小于 发动机漆膜平均评分　不小于 机油滤网堵塞(%)　不大于 压缩环热黏结	0.127 0.380 0.120 7.8 8.0 7.5 8.9 20.0 无	ASTM D 6891 ASTM D 6593
	L-38 发动机试验 轴瓦失重(mg)　不大于 活塞裙部漆膜评分　不小于 剪切安定性,运转 10h 后的运动黏度	40 9.0 在本等级油黏度范围之内 (适用于多级油)	SH/T 0265 SH/T 0265 GB/T 265
	程序ⅡD 发动机试验 发动机锈蚀平均评分　不小于 挺杆黏结数	8.5 无	SH/T 0512
GF-1	程序ⅢE 发动机试验 黏度增长(40℃,64h)(%)　不大于 发动机油泥平均评分　不小于 活塞裙部漆膜平均评分　不小于 油环台沉积物平均评分　不小于 环黏结(与油相关) 挺杆黏结 擦伤和磨损 凸轮或挺杆擦伤 凸轮加挺杆磨损(mm) 平均值　不大于 最大值　不大于 油耗(L)　不大于	375 9.2 8.9 3.5 无 无 无 0.030 0.064 5.1	SH/T 0758
	程序ⅤE 发动机试验 发动机油泥平均评分　不小于 摇臂罩油泥评分　不小于 活塞裙部漆膜平均评分　不小于 发动机漆膜平均评分　不小于 机油滤网堵塞(%)　不大于 油环堵塞(%)	9.0 7.0 6.5 5.0 20.0 报告	SH/T 0759
	压缩环黏结(热黏结) 凸轮磨损(mm) 平均值　不大于 最大值　不大于	无 0.130 0.380	
	程序Ⅵ发动机试验 燃料经济性改进评价(%)　不小于	2.7	SH/T 0757

续上表

质量等级	项目		质量指标	试验方法
SJ	L-38 发动机试验 轴瓦失重(mg) 剪切安定性,运转 10h 后的运动黏度 或 程序Ⅷ发动机试验 轴瓦失重(mg) 剪切安定性,运转 10h 后的运动黏度	 不大于 不大于 	40 在本等级油黏度范围之内 (适用于多级油) 26.4 在本等级油黏度范围之内 (适用于多级油)	SH/T 0265 SH/T 0265 GB/T 265 ASTM D 6709
	程序ⅡD 发动机试验 发动机锈蚀平均评分 挺杆黏结数 或 球锈蚀试验 平均灰度值(分)	 不小于 不小于	8.5 无 100	SH/T 0512 SH/T 0763
	程序ⅢE 发动机试验 黏度增长(40℃ 12.375%)(h) 发动机油泥平均评分 活塞裙部漆膜平均评分 油环台沉积物平均评分 环黏结(与油相关) 挺杆黏结 擦伤和磨损(64h) 凸轮或挺杆擦伤 凸轮加挺杆磨损(mm) 平均值 最大值 或 程序ⅢF 发动机试验 运动黏度增长(40℃,60h)(%) 活塞裙部漆膜平均评分 活塞沉积物评分 凸轮加挺杆磨损(mm) 热黏环	 不小于 不小于 不小于 不小于 不大于 不大于 不大于 不小于 不小于 不大于 	64 9.2 8.9 3.5 无 无 无 0.030 0.064 325 8.5 3.2 0.020 无	SH/T 0758 ASTM D 6984
	程序ⅤE 发动机试验 发动机油泥平均评分 臂罩油泥评分 活塞裙部漆膜平均评分 发动机漆膜平均评分 机油滤网堵塞(%) 油环堵塞(%) 压缩环黏结(热黏结) 凸轮磨损(mm) 平均值 最大值 或	 不小于 不小于 不小于 不小于 不大于 不大于 不大于 	9.0 7.0 6.5 5.0 20.0 报告 无 0.127 0.380	SH/T 0759

续上表

质量等级	项　　目		质 量 指 标	试 验 方 法
SJ	程序ⅣA 阀系磨损试验			ASTM D 6891
	平均凸轮磨损(mm)	不大于	0.120	
	加			
	程序ⅤG 发动机试验			ASTM D 6593
	发动机油泥平均评分	不小于	7.8	
	摇臂罩油泥评分	不小于	8.0	
	活塞裙部漆膜平均评分	不小于	7.5	
	发动机漆膜平均评分	不小于	8.9	
	机油滤网堵塞(%)	不大于	20.0	
	压缩环热黏结		无	
GF-2	L-38 发动机试验		40	SH/T 0265
	轴瓦失重(mg)	不大于	在本等级油黏度范围之内	SH/T 0265
	剪切安定性,运转 10h 后的运动黏度		(适用于多级油)	GB/T 265
	程序ⅡD 发动机试验			
	发动机锈蚀平均评分	不小于	8.5	SH/T 0512
	挺杆黏结数		无	
	程序ⅢE 发动机试验			SH/T 0758
	黏度增长(40℃,375%)(h)	不小于	64	
	发动机油泥平均评分	不小于	9.2	
	活塞裙部漆膜平均评分	不小于	8.9	
	油环台沉积物平均评分	不小于	3.5	
	环黏结(与油相关)		无	
	凸轮加挺杆磨损(mm)			
	平均值	不大于	0.030	
	最大值	不大于	0.064	
	油耗(L)	不大于	5.1	
	程序 VE 发动机试验			SH/T 0759
	发动机油泥平均评分	不小于	9.0	
	摇臂罩油泥评分	不小于	7.0	
	活塞裙部漆膜平均评分	不小于	6.5	
	发动机漆膜平均评分	不小于	5.0	
	机油滤网堵塞(%)	不大于	20.0	
	油环堵塞(%)		报告	
	压缩环黏结(热黏结)		无	
	凸轮磨损(mm)			
	平均值	不大于	0.127	
	最大值	不大于	0.380	
	活塞内腔顶部沉积物		报告	
	环台沉积物		报告	
	汽缸筒磨损		报告	
	程序ⅥA 发动机试验			ASTM D 6202
	燃料经济性改进评价/%	不小于		
	0W-20 和 5W-20		1.4	
	其他 0W-xx 和 5W-xx		1.1	
	10W-xx		0.5	

续上表

质量等级	项目		质量指标	试验方法
SL	程序Ⅷ发动机试验 轴瓦失重(mg) 剪切安定性,运转10h后的运动黏度	 不大于 	26.4 在本等级油黏度范围之内 (适用于多级油)	ASTM D 6709
	球锈蚀试验 平均灰度值(分)	 不小于	100	SH/T 0763
	程序ⅢF发动机试验 运动黏度增长(40℃,80h)(%) 活塞裙部漆膜平均评分 活塞沉积物评分 凸轮加挺杆磨损(mm) 热黏环 低温黏度性能[③]	 不大于 不小于 不小于 不大于 	 275 9.0 4.0 0.020 无 报告	ASTM D 6984 GB/T 6538 SH/T 0562
	程序ⅤE发动机试验 平均凸轮磨损(mm) 最大凸轮磨损(mm)	 不大于 不大于	 0.127 0.380	SH/T 0759
	程序ⅣA阀系磨损试验 平均凸轮磨损(mm)	 不大于	0.120	ASTM D 6891
	程序ⅤG发动机试验 发动机油泥平均评分 摇臂罩油泥评分 活塞裙部漆膜平均评分 发动机漆膜平均评分 机油滤网堵塞(%) 压缩环热黏结 环的冷黏结 机油滤同残渣(%) 油环堵塞(%)	 不小于 不小于 不小于 不小于 不大于 	 7.8 8.0 7.5 8.9 20.0 无 报告 报告 报告	ASTM D 6593
GF-3	程序Ⅷ发动机试验 轴瓦失重(mg) 剪切安定性,运转10h后的运动黏度	 不大于 	26.4 在本等级油黏度范围之内 (适用于多级油)	ASTM D 6709
	球锈蚀试验 平均灰度值(分)	 不小于	100	SH/T 0763
	程序ⅢF发动机试验 运动黏度增长(40℃,80h)(%) 活塞裙部漆膜平均评分 活塞沉积物评分 凸轮加挺杆磨损(mm) 热黏环 油耗(L) 低温黏度性能	 不大于 不小于 不小于 不大于 不大于 	275 9.0 4.0 0.020 不允许 5.2 报告	ASTM D 6984
	程序ⅤE发动机试验 平均凸轮磨损(mm) 最大凸轮磨损(mm)	 不大于 不大于	0.127 0.380	
	程序ⅣA阀系磨损试验 平均凸轮磨损(mm)	 不大于	0.120	ASTM D 6891

续上表

质量等级	项目		质量指标			试验方法
SL	程序ⅤC发动机试验					ASTM D 6593
	发动机油泥平均评分	不小于	7.8			
	摇臂罩油泥评分	不小于	8.0			
	活塞裙部漆膜平均评分	不小于	7.5			
	发动机漆膜平均评分	不小于	8.9			
	机油滤网堵塞(%)	不大于	20.0			
	压缩环热黏结		无			
	环的冷黏结		报告			
	机油滤网残渣(%)		报告			
	油环堵塞(%)		报告			
	程序ⅥB发动机试验		0W-20 5W-20	0W-30 5W-30	10W-30 和其他多 机油	ASTM D 6837
	16h老化后燃料经济性改进评价,FEI 1(%)	不小于	2.0	1.6	0.9	
	96h老化后燃料经济性改进评价,FEI 2(%)	不小于	1.7	1.3	0.6	
	FEI 1 + FEI 2(%)	不小于	—	3.0	1.6	

注:1. 对于一个确定的汽油机油配方,不可随意更换基础油,也不可随意进行黏度等级的延伸。在基础油必须变更时,应按照API 1509附录E"轿车发动机油和柴油机油API基础油互换准则"进行相关的试验并保留试验结果备查;在进行黏度等级延伸时,应按照API 1509附录F"SAE黏度等级发动机试验的API导则"进行相关的试验并保留试验结果备查。

2. 发动机台架试验的相关说明参见ASTM D4485"S发动机油类别"中的脚注。

①亦可用SH/T 0264方法评定,指标为轴瓦失重不大于25mg。

②按SH/T 0265方法运转10h后取样,采用GB/T 265方法测定100℃运动黏度,在用SH/T 0264方法评定轴瓦腐蚀时,剪切安定性用SH/T 0505方法测定,指标不变。如有争议以SH/T 0265和GB/T 265方法为准。

③根据油品低温等级所指定的温度,使用试验方法GB/T 6538和SH/T 0562测定80h试验后的油样。

二、柴油发动机润滑油的规格与技术要求

1. 柴油发动机润滑油的规格

柴油发动机润滑油使用性能级别及其黏度等级《柴油机油》(GB 11122—2006)中规定了CC、CD、CF、CF-4、CH-4、CI-4柴油发动机润滑油的黏温性能要求,如表3-11、表3-12所示。

2. 柴油发动机润滑油技术要求

同样,柴油发动机润滑油的技术要求包括理化性能要求和发动机试验要求两个方面。

根据国家现行有关标准《柴油机油》(GB 11122—2006)的规定,表3-13和表3-14分别列出了CC、CD、CF、CF-4、CH-4、CI-4等柴油发动机润滑油产品的理化性能和发动机试验技术要求。

CC、CD 柴油机润滑油黏温性能要求 表 3-11

项 目		低温动力黏度（mPa·s）不大于	边界泵送温度（℃）不高于	运动黏度（100℃）（mm^2/s）	高温高剪切黏度（150℃，$10^6/s$）（mPa·s）不小于	黏度指数不小于	倾点（℃）不高于
试验方法		GB/T6538	SH/T 9171	GB/T 265	SH/T 0618② SH/T 0703、 SH/T 0751	GB/T 1995、 GB/T 2541	GB/T 3535
质量等级	黏度等级						
CC①、CD	0W-20	3250（－30℃）	－35	5.6～9.3	2.6	—	－40
	0W-30	3250（－30℃）	－35	9.3～12.5	2.9	—	
	0W-40	3250（－30℃）	－35	12.5～16.3	2.9	—	
	5W-20	3500（－25℃）	－30	5.6～9.3	2.6	—	－35
	5W-30	3500（－25℃）	－30	9.3～12.5	2.9	—	
	5W-40	3500（－25℃）	－30	12.5～16.3	2.9	—	
	5W-50	3500（－25℃）	－30	16.3～21.9	3.7	—	
	10W-30	3500（－20℃）	－25	9.3～12.5	2.9	—	－30
	10W-40	3500（－20℃）	－25	12.5～16.3	2.9	—	
	10W-50	3500（－20℃）	－25	16.3～21.9	3.7	—	
	15W-30	3500（－15℃）	－20	9.3～12.5	2.9	—	－23
	15W-40	3500（－15℃）	－20	12.5～16.3	3.7	—	
	15W-50	3500（－15℃）	－20	16.3～21.9	3.7	—	
	20W-30	4500（－10℃）	－15	12.5～16.3	3.7	—	－18
	20W-40	4500（－10℃）	－15	16.3～21.9	3.7	—	
	20w-50	4500（－10℃）	－15	21.9～26.1	3.7	—	
	30	—	—	9.3～12.5	—	75	－15
	40	—	—	12.5～16.3	—	80	－10
	50	—	—	16.3～21.9	—	80	－5
	60	—	—	21.9～26.1	—	80	－5

注：①CC 不要求测定高温高剪切黏度。

②为仲裁方法。

CF、CF-4、CH-4、CI-4 柴油机润滑油黏温性能要求 表 3-12

项 目		低温动力黏度（mPa·s）不大于	边界泵送温度（℃）不高于	运动黏度（100℃）（mm^2/s）	高温高剪切黏度（150℃，$10^6/s$）（mPa·s）不小于	黏度指数不小于	倾点（℃）不高于
试验方法		GB/T 6538 ASTM D 5293	SH/T 9171	GB/T 265	SH/T 0618② SH/T 0703、 SH/T 0751	GB/T 1995、 GB/T 2541	GB/T 3535
质量等级	黏度等级						
CF、CF-4、CH-4、CI-4①	0W-20	6200（－30℃）	60000（－40℃）	5.6～9.3	2.6	—	－40
	0W-30	6200（－30℃）	60000（－40℃）	9.3～12.5	2.9	—	
	0W-40	6200（－30℃）	60000（－40℃）	12.5～16.3	2.9	—	

续上表

项目		低温动力黏度(mPa·s)不大于	边界泵送温度(℃)不高于	运动黏度(100℃)(mm^2/s)	高温高剪切黏度(150℃,10^6/s)(mPa·s)不小于	黏度指数不小于	倾点(℃)不高于
试验方法		GB/T 6538 ASTM D 5293	SH/T 9171	GB/T 265	SH/T 0618[②] SH/T 0703、 SH/T 0751	GB/T 1995、 GB/T 2541	GB/T 3535
CF、CF-4、CH-4、CI-4[①]	5W-20	6600(-25℃)	60000(-35℃)	5.6~9.3	2.6	—	-35
	5W-30	6600(-25℃)	60000(-35℃)	9.3~12.5	2.9	—	
	5W-40	6600(-25℃)	60000(-35℃)	12.5~16.3	2.9	—	
	5W-50	6600(-25℃)	60000(-35℃)	16.3~21.9	3.7	—	
	10W-30	7000(-20℃)	60000(-30℃)	9.3~12.5	2.9	—	-30
	10W-40	7000(-20℃)	60000(-30℃)	12.5~16.3	2.9	—	
	10W-50	7000(-20℃)	60000(-30℃)	16.3~21.9	3.7	—	
	15W-30	7000(-15℃)	60000(-25℃)	9.3~12.5	2.9	—	-25
	15W-40	7000(-15℃)	60000(-25℃)	12.5~16.3	3.7	—	
	15W-50	7000(-15℃)	60000(-25℃)	16.3~21.9	3.7	—	
	20W-30	9500(-10℃)	60000(-20℃)	12.5~16.3	3.7	—	-20
	20W-40	9500(-10℃)	60000(-20℃)	16.3~21.9	3.7	—	
	20W-50	9500(-10℃)	60000(-20℃)	21.9~26.1	3.7	—	
	30	—	—	9.3~12.5	—	75	-15
	40	—	—	12.5~16.3	—	80	-10
	50	—	—	16.3~21.9	—	80	-5
	60	—	—	21.9~26.1	—	80	-5

注:①CI-4 所有黏度等级的高温高剪切黏度均为不小于 3.5mPa·s,但当 SAEJ 300 指标高于和 3.5mPa·s 时,允许以 SAE J300 为准。

②为仲裁方法。

柴油机润滑油理化性能要求 表 3-13

项目		质量指标				试验方法
		CC CD	CF CF-4	CH-4	CI-4	
水分(体积分数)(%) 不大于		痕迹	痕迹	痕迹	痕迹	GB/T 260
泡沫性(泡沫倾向/泡沫稳定性)(mL/mL)						GB/T 12579
24℃ 不大于		25/0	20/0	10/0	10/0	
93.5℃ 不大于		150/0	50/0	20/0	20/0	
后 24℃ 不大于		25/0	20/0	10/0	10/0	
蒸发损失(质量分数)(%) 不大于				10W-30 | 15W-40	15	
诺亚克法(250℃,1h)或				20 | 18		SH/T 0059
气相色谱法(371℃馏出量)				17 | 15		ASTM D 6417
机械杂质(质量分数)(%) 不大于		0.01				GB/T 511

续上表

项　　目	质量指标				试验方法
	CC CD	CF CF-4	CH-4	CI-4	
闪点(开口)(℃)(黏度等级)　不低于	200(0W、5W 多级油) 205(10W 多级油) 215(15W、20W 多级油) 220(30) 225(40) 230(50) 240(60)				GB/T 3536
碱值(以 KOH 计)①(mg/g)	报告				SH/T 0251
磷酸盐灰分①(质量分数)(%)	报告				GB/T 2433
硫②(质量分数)(%)	报告				GB/T 387、GB/T 388、GB/T 11140、GB/T 17040、GB/T 17476、SH/T 0172、SH/T 0631、SH/T 0749
磷②(质量分数)(%)	报告				GB/T 17476、SH/T 0296 SH/T 0631、SH/T 0749
氮②(质量分数)(%)	报告				GB/T 9170、SH/T 0656、SH/T 0704

注:①CH-4、CI-4 不允许使用步骤 A。

②生产者在每批产品出厂时要向使用者或经销者报告该项目的实测值,有争议时以发动机台架试验结果为准。

柴油机润滑油使用性能要求　　表 3-14

品种代码	项　　目		质量指标	试验方法
CC	L-38 发动机试验			
	轴瓦失重(mg)	不大于	50	SH/T 0265
	活塞裙部漆膜评分	不小于	9.0	
	剪切安定性 100℃运动黏度(mm^2/s)		在本等级油黏度范围之内 (适用于多级油)	SH/T 0265 GB/T 265
	高温清净性和抗磨试验(开特皮勒 1H2 法)			
	顶环槽积炭填充体积(体积分数)(%)	不大于	45	GB/T 9932
	总缺点加权评分	不大于	140	
	活塞环侧间隙损失(mm)	不大于	0.013	
CD	L-38 发动机试验			
	轴瓦失重(mg)	不大于	50	SH/T 0265
	活塞裙部漆膜评分	不小于	9.0	
	剪切安定性 100℃运动黏度(mm^2/s)		在本等级油黏度范围之内 (适用于多级油)	SH/T 0265 GB/T 265
	高温清净性和抗磨试验(开特皮勒 IG2 法)			
	顶环槽积炭填充体积(体积分数)(%)	不大于	80	GB/T 9933
	总缺点加权评分	不大于	300	
	活塞环侧间隙损失(mm)	不大于	0.013	

续上表

品种代码	项目		质量指标	试验方法
CF	L-38 发动机试验		一次试验 二次试验平均 三次试验平均	
	轴瓦失重(mg)	不大于	43.7 48.1 50.0	
	剪切安定性		在本等级油黏度范围之内	
	100℃运动黏度(mm^2/s)或		(适用于多级油)	
	程序Ⅷ发动机试验		29.3 31.9 33.0	SH/T 0265
	轴瓦失重(mg)	不大于	在本等级油黏度范围之内	SH/T 0265
	剪切安定性		(适用于多级油)	GB/T 265
	100℃运动黏度(mm^2/s)		二次试验 三次试验 四次试验	ASTM D 6709
	开特皮勒 1M-PC 试验		平均 平均 平均	
	总缺点加权评分(WTD)	不大于	240 MTAC MTAC	ASTM D6618
	顶环槽充炭率(体积分数)(TGF)(%)	不大于	70	
	环侧间隙损失(mm)	不大于	0.013	
	活塞环黏结		无	
	活塞、环和缸套擦伤		无	
CF-4	L-38 发动机试验			
	轴瓦失重(mg)	不大于	50	
	剪切安定性		在本等级油黏度范围之内	
	100℃运动黏度(mm^2/s)		(适用于多级油)	SH/T 0265
	或			SH/T 0265
	程序Ⅷ发动机试验			GB/T 265
	轴瓦失量(mg)	不大于	33.0	ASTM D 6709
	剪切安定性		在本等级油黏度范围之内	
	100℃运动黏度(mm^2/s)		(适用于多级油)	
			二次试验 三次试验 四次试验	
	开特皮勒 IK 试验		平均 平均 平均	
	缺点加权评分(WDK)	不大于	332 339 342	
	顶环槽充炭率(体积分数)(TGF)(%)	不大于	24 26 27	
	顶环台重炭率(TLHC)(%)	不大于	4 4 5	SH/T 0782
	平均油耗[(g/kW)/h](0~252h)	不大于	0.5 0.5 0.5	
	最终油耗[(g/kW/h)/h](228~252h)	不大于	0.27 0.27 0.27	
	活塞环黏结		无 无 无	
	活塞环和缸套擦伤		无 无 无	
	Mack T-6 试验			
	优点评分	不小于	90	ASTM RR:
	或			D-2-1219
	Mack T-9 试验		150	或
	平均顶环失重(mg)	不大于	0.040	SH/T 0761
	缸套磨损(mm)	不大于		
	Mack T-7 试验			ASTM RR:
	后 50h 运动黏度平均增长率(100℃)		0.040	D-2-1220
	[(mm^2/s)/h]	不大于		或
	或		0.20	SH/T 0760

续上表

品种代码	项　　目		质量指标			试验方法
CH-4	Mack T-8 试验(T-8A) (100～150)h 运动黏度平均增长率(100℃) [(mm²/s)/h]	不大于				
	腐蚀试验 钢浓度增加(mg/kg) 铅浓度增加(mg/kg) 锡浓度增加(mg/kg) 铜片腐蚀/级	 不大于 不大于 不大于	20 60 报告 3			GB/T 5096
	柴油喷嘴剪切试验 剪切后的 100℃运动黏度(mm²/s)	 不小于	XW-30 9.3	XW-40 12.5		ASTM D6278 GB/T 265
	开特皮勒 IK 试验		一次试验	二次试验平均	三次试验平均	SH/T 0782
	缺点加权评分(WDK)	不大于	332	347	353	
	顶环槽充炭率(TGF)(体积分数)(%)	不大于	24	27	29	
	顶环台重炭率(TLHC)(%)	不大于	4	5	5	
	油耗[(g/kg)/h](0～252h)	不大于	0.5	0.5	0.5	
	活塞、环和缸套擦伤		无	无	无	
	开特皮勒 1P 试验		一次试验	二次试验平均	三次试验平均	ASTM D 6681
	缺点加权评分(WDP)	不大于	350	378	390	
	顶环槽炭(TGC)缺点评分	不大于	36	39	41	
	顶环台炭(TLC)缺点评分	不大于	40	46	49	
	平均油耗(g/h)(0～360h)	不大于	12.4	12.4	12.4	
	最终油耗(g/h)(312～360h)	不大于	14.6	14.6	14.6	
	活塞、环和缸套擦伤		无	无	无	
	Mack T-9 试验		一次试验	二次试验平均	三次试验平均	SH/T 0761
	修正到 1.75% 烟炱量的平均缸套磨损(mm)	不大于	0.0254	0.0266	0.027	
	平均顶环失重(mg)	不大于	120	136	144	
	用过油铅变化量(mg/kg)	不大于	25	32	36	
	MackT-8 试验(T-8F)		一次试验	二次试验平均	三次试验平均	SH/T 0760
	4.8% 烟炱量的相对黏度(RV)	不大于	2.1	2.2	2.3	
	3.8% 烟炱量的黏度增长(mm²/s)	不大于	11.5	12.5	13.0	
	滚轮随动件磨损试验(RFWT)		一次试验	二次试验平均	三次试验平均	ASTM D 5966
	液压滚轮挺杆销平均磨损(mm)	不大于	0.0076	0.0084	0.0091	
	康明斯 M11(HST)试验		一次试验	二次试验平均	三次试验平均	ASTM D 6838
	修正到 4.1% 烟炱量的摇臂垫平均失重(mg)	不大于	6.5	7.5	8.0	
	机油滤清器压差(kPa)	不大于	79	93	100	
	平均发动机油泥,CRC 优点评分	不小于	8.7	8.6	8.5	

续上表

品种代码	项目		质量指标			试验方法
CH-4	程序ⅢE 发动机试验 黏度增长(40℃,64h)(%) 或 程序ⅢF 发动机试验 黏度增长(40℃,60h)(%)	 不大于 不大于	一次试验 200 295	二次试验平均 200 (MTAC) 295 (MTAC)	三次试验平均 200 (MTAC) 295 (MTAC)	SH/T 0758 ASTM D 6984
	发动机油充气试验 空气卷入(体积分数)(%)	 不大于	一次试验 8.0	二次试验平均 8.0 (MTAC)	三次试验平均 8.0 (MTAC)	ASTM D 6894
	高温腐蚀试验 试后油铜浓度增加(mg/kg) 试后油铅浓度增加(mg/kg) 试后油锡浓度增加(mg/kg) 试后油铜片腐蚀(级)	 不大于 不大于 不大于 不大于		20 120 50 3		SH/T 0754 GB/T 5096
CI-4	柴油喷嘴剪切试验 剪切后的100℃:运动黏度(mm^2/s)	 不小于	XW-30 9.3	XW-40 12.5		ASTM D 6278 GB/T 265
	开特皮勒1K试验 缺点加权评分(WDK) 顶环槽充炭率(体积分数)(TCF)(%) 顶环台重炭率(TLHC)(%) 平均油耗[(g/kg)/h](0~252h) 活塞、环和缸套擦伤	 不大于 不大于 不大于 不大于	一次试验 332 24 4 0.5 无	二次试验平均 347 27 5 0.5 无	三次试验平均 353 29 5 0.5 无	SH/T 0782
	开特皮勒IR试验 缺点加权评分(WDR) 顶环槽炭(TCC)缺点评分 顶环台炭(TLC)缺点评分 最初油耗(IOC)(g/h),(0~252h)平均值 最终油耗(g/h),(432~504h)平均值 活塞、环和缸套擦伤 环黏结	 不大于 不大于 不大于 不大于 不大于	一次试验 382 52 31 13.1 lOC+I.8 无 无	二次试验平均 396 57 35 13.1 lOC+I.8 无 无	三次试验平均 402 59 36 13.1 lOC+1.8 无 无	ASTM D 6923
	Mack T-10试验 优点评分	 不小于	一次试验 1000	二次试验平均 1000	三次试验平均 1000	ASTM D 6987
	Mack T-8试验(T-SE) 4.8%烟炱量的相对黏度(RV)	 不大于	一次试验 1.8	二次试验平均 1.9	三次试验平均 2.0	SH/T 0760
	滚轮随动件磨损试验(RFWT) 液压滚轮挺杆销平均磨损(mm)	 不大于	一次试验 0.0076	二次试验平均 0.0084	三次试验平均 0.0091	ASTM D 5966

续上表

品种代码	项　目		质量指标			试验方法
CI-4	康明斯 M11(EGR)试验		一次试验	二次试验平均	三次试验平均	ASTM D6975
	气门搭桥平均失重(mg)	不大于	20.0	21.8	22.6	
	顶环平均失重(mg)	不大于	175	186	191	
	机油滤清器压差(250h)(kPa)	不大于	275	320	341	
	平均发动机油泥,CRC 优点评分	不小于	7.8	7.6	7.5	
	程序ⅢF 发动机试验		一次试验	二次试验平均	三次试验平均	ASTM D6984
	黏度增长(40℃,80h)(%)	不大于	275	275 (MTAC)	275 (MTAC)	
	发动机油充气试验		一次试验	二次试验平均	三次试验平均	ASTM D6894
	空气卷入(体积分数)(%)	不大于	8.0	8.0 (MTAC)	8.0 (MTAC)	
	高温腐蚀试验		0W、5W、10W、15W			SH/T 0754
	试后油铜浓度增加(mg/kg)	不大于	20			
	试后油铅浓度增加(mg/kg)	不大于	120			
	试后油锡浓度增加(mg/kg)	不大于	50			
	试后油铜片腐蚀(级)	不大于	3			GB/T 5096
	低温泵送黏度		0W、5W、10W、15W			SH/T 0562
	(Mack T-10 或 Mack T-10A 试验,75h 后试验油,-20℃)(MPa·s)	不大于	25000			
	如检测到屈服应力低温泵送黏度(MPa·s)	不大于	25000			
	屈服应力(Pa)	不大于	35(不含 35)			ASTM D6896
	橡胶相容性					ASTM D11.15
	体积变化(%)					
	丁腈橡胶		+5/-3			
	硅橡胶		+TMC 1006/-3			
	聚丙烯酸酯		+5/-3			
	氟橡胶		+5/-2			
	硬度限值					
	丁腈橡胶		+7/-5			
	硅橡胶		+5/1-TMC 1006			
	聚丙烯酸酯		+8/-5			
	氟橡胶		+7/-5			
	拉伸强度(%)					
	丁腈橡胶		+10/-TMC 1006			
	硅橡胶		+10/-45			
	聚丙烯酸酯		+18/-15			
	氟橡胶		+10/-TMC 1006			
	延伸率(%)					
	丁腈橡胶		+10/-TMC 1006			

续上表

品种代码	项　　目	质量指标	试验方法
CI-4	硅橡胶 聚丙烯酸酯 氟橡胶	+20/-30 +10/-35 +10/-TMC 1006	

注:1. 对于一个确定的柴油机润滑油配方,不可随意更换基础油,也不可随意进行黏度等级的延伸。在基础油必须变更时,应按照 API1509 附录 E“轿车发动机油和柴油机油 API 基础油互换准则”进行相关的试验并保留试验结果备查;在进行黏度等级延伸时,应按照 API 1509 附录 F“SAE 黏度等级发动机试验的 API 导则”进行相关的试验并保留试验结果备查。

2. 发动机台架试验的相关说明参见 ASTM D4485“C 发动机油类别”中的脚注。

①亦可用 SH/T 0264 方法评定,指标为轴瓦失重不大于 25mg。

②按 SH/T 0265 方法运转 10h 后取样,采用 GB/T 265 方法测定 100℃运动黏度。在用用 S H/T 0264 评定轴瓦腐蚀时,剪切安定性用 SH/T 0505 和 GB/T 265 方法测定,指标不变。如有争议时,以 SH/T 0265 和 GB/T 265 方法为准。

③如进行 3 次试验,允许有 1 次试验结果偏离。确定试验结果是否偏离的依据是 ASTM E178。

④MTAC 为“多次试验通过准则”的英文缩写。

⑤如进行 3 次或 3 次以上试验,一次完整的试验结果可以被舍弃。

⑥由于缺乏关键性试验部件,康明斯 NTC 400 不能再作为一个标定试验,在这一等级上需要使用一个两次的 1K 试验和模拟腐蚀试验取代康明斯 NTC 400。按照 ASTM D4485:1994 的规定,在过去标定的试验台架上运行康明斯 NTC 400 试验所获得的数据也可用以支持这一等级。

原始的康明斯 NTC400 的限值为:

a. 凸轮轴滚轮回动件销磨损:不大于 0.051mm。

b. 顶环台沉积物,重炭覆盖率,平均值(%):不大于 15。

c. 油耗(g/s):试验油耗第二回归曲线应完全落在公布的平均值加上参考油标准偏差之内。

⑦XW 代表规定的低温黏度等级。

⑧相对黏度(RV)为达到 4.8% 烟炱量的黏度与新油采用 ASTM D6278 剪切后的形度之比。

⑨TMC 1006 为一种标准油的代号。

三、汽油机/柴油发动机通用润滑油的规格

汽油/柴油发动机通用润滑油可根据需要在《汽油机油》(GB 11121—2006)所属 9 个汽油机油品种和《柴油机油》(GB 11121—2006)所属 6 个柴油机油品种中进行组合。任何一个通用内燃机油都应同时满足其汽油机油品种和柴油机油品种的所有指标要求。

第四章　发动机润滑油的选择及使用、更换

正确选用发动机润滑油能保证汽车正常可靠行驶,减少零件磨损、节省燃油消耗、延长发动机使用寿命。因此,使用者应了解发动机润滑油的作用、规格牌号,并正确掌握其使用方法。其中,根据汽车发动机和行车环境的综合情况,合理地选择发动机润滑油是正确使用发动机润滑油的第一步。首先对润滑油作出合理的选择,然后加以正确的使用,才是对待发动机润滑油的整体科学态度。

第一节　发动机润滑油的选择

选择合适的发动机润滑油是保证发动机正常工作、延长其使用寿命的重要条件。发动机润滑油的选择应遵循一定的原则,即应兼顾使用性能级别和黏度级别两个方面。首先应根据发动机结构特点和要求,确定其合适的使用性能级别,然后再根据发动机使用的外部环境温度,选择该质量等级中的黏度等级。

一、使用性能级别选择

发动机润滑油使用性能级别,主要根据发动机的结构特性、工作条件和燃料品质来选择。在选择汽油发动机润滑油的使用性能时,应注意汽油发动机工况的苛刻程度和进排气系统中的附加装置及生产年代。汽油发动机润滑油使用性能级别的选择一般应考虑如下因素:

(1)发动机润滑油压缩比、排量、最大功率、最大转矩。

(2)发动机润滑油负荷,即发动机润滑油功率(kW)与曲轴箱机油容量(L)之比。

(3)曲轴箱强制通风、废气再循环等排气净化装置的采用对发动机润滑油的影响。

(4)城市汽车时开时停等运行工况对生成沉积物和发动机润滑油氧化的影响等。

表4-1 列出了 SC、SD、SE、SF、SG 和 SH 等级别油品的使用性能以及在部分车型上的应用情况。

汽油发动机润滑油使用性能选参考表　　表4-1

汽油发动机润滑油使用性能级别	性能特点	应用车型
SC	可控制高低温沉积物及磨损、锈蚀和腐蚀	用于国产货车、客车,如以 492QG 为动力的各类汽车
SD	控制高低温沉积物、磨损、锈蚀和腐蚀的性能优于 SC	用于货车、客车和某些轿车,如解放 CA1091、东风 EQ1091 等车型

续上表

汽油发动机润滑油使用性能级别	性 能 特 点	应 用 车 型
SE	具有抗氧化性能及可控制高温沉积物、锈蚀和腐蚀的性能	用于轿车和某些货车，如天津夏利、大发、昌河、拉达等车型
SF	抗氧化和抗磨损性能优于 SE，还具有控制沉积物、锈蚀和腐蚀的性能	用于轿车和某些货车，如一汽奥迪、捷达、红旗、CA6440 轻客、桑塔纳、切诺基、标致、富康等车型
SG、SH	具有可控制沉积物、磨损和油的氧化性能，并具有抗锈蚀和腐蚀的性能	用于高档轿车、新型电喷车，如红旗 CA7220AE 等车型

柴油发动机润滑油使用性能级别的选择主要依据发动机润滑油的平均有效压力、活塞平均速度、机油负荷、使用条件和柴油含硫量等因素。

发动机的平均有效压力、活塞平均速度等反映发动机的强化程度，用强化系数 K_φ 表示。柴油发动机润滑油的质量等级应根据柴油发动机的强化系数来确定

$$K_\varphi = 5p_{me}C_m$$

式中：K_φ——强化系数；

p_{me}——发动机润滑油的平均有效压力，MPa；

C_m——活塞平均速度，m/s。

$$p_{me} = \frac{30N_e\tau}{V}$$

式中：N_e——发动机有效功率，kW；

τ——发动机冲程数；

V——发动机排量，L。

$$C_m = \frac{Sn}{30}$$

式中：S——活塞行程，m；

n——发动机转速，r/min。

如果使用硫含量高的柴油或车辆运行条件苛刻时，选用的柴油发动机润滑油使用性能级别要相应提高。例如，解放 CA1091KZ 型载货汽车装用的 CA110A 型柴油机，其强化系数为 36，为 30 ~ 50，可选用 CC 级柴油发动机润滑油。强化系数与柴油发动机润滑油使用性能级别的关系，如表 4-2 所示。

柴油机的强化程度对柴油发动机润滑油使用性能组别的要求 表 4-2

柴油机的强化程度	强 化 系 数	要求的柴油机润滑油使用性能级别
高强化	大于 50	CD 或 CE
中强化	30 ~ 50	CC
低强化	小于 30	CA(废除)或 CB(废除)

表 4-3 列出了 CC、CD、CE 和 CF-4 等级别油品的使用性能以及在部分车型上的应用情况。

汽油发动机润滑油使用性能选择参考表　　表4-3

柴油发动机润滑油使用性能级别	发动机平均有效压力（kPa）	发动机强化系数	燃油含硫量	应用机型
CC	784～980	35～50	<0.4	玉柴，扬柴，朝柴4102、4105、6102，锡柴，大柴6110，日野ZM400，五十铃4BD1、4BG1等柴油机
CD	980～1470	50～80		康明斯、斯太尔、依维柯、索菲姆等增压柴油机
CE	1479以上	80以上		用于低速高负荷和高速高负荷条件下运行的低增压和增压式重负荷柴油机
CF-4	—	—		用于高速四冲程柴油机，特别适用于高速公路行驶的重负荷货车

一般来说，高级别使用性能的润滑油，可代替低等级的润滑油，但经济上不合算，因此应按说明书的规定进行合理选用。但低等级的润滑油绝不能代替高等级的润滑油。

二、黏度级别的选择

选择发动机润滑油的黏度级别主要是根据气温、工况和发动机润滑油的技术状况。

黏度是评价发动机润滑油品质的一个重要指标。其大小直接影响发动机润滑油的减磨、降温、清洁、除锈、防尘、吸收振动和密封等作用。发动机润滑油黏度越小，流动性就越好，清洁、冷却效果越好，但高温油膜易受破坏，润滑效果较差；黏度越大，油膜厚度、密封等方面较好，但低温起动时上油较慢，易出现于摩擦或半流体摩擦，冷却、冲洗作用也较差。因此，发动机润滑油黏度选用要适当，一般要遵循以下原则：

（1）应根据工作地区的环境温度、发动机负荷、转速选用适宜的发动机润滑油，以保证零件正常润滑。

（2）应尽量选用黏温特性好、黏度指数高的多级油。多级油使用温度范围比单级油宽，具有低温黏度油和高温黏度油的双重特性。如5W/30多级油同时具有5W、30两种单级油的特性，其使用温度区间由SW级油的－30～10℃和30级油的0～40℃组合成－30～40℃。与单级油相比，多极油极大地扩大了使用范围。这样不仅可以减少因气温变化带来更换发动机油的麻烦，而且可以减少发动机润滑油的浪费。

一般我国南方夏季气温较高，对重负荷、长距离运输、工况恶劣的汽车，应选用黏度较大的发动机润滑油。我国北方地区冬季气温低，应选用低黏度发动机润滑油，以保证发动机易于起动，减少零部件磨损。发动机润滑油黏度级别的选择，还与发动机润滑油的技术状况有关。新发动机应选用黏度较小的发动机润滑油；磨损严重的发动机应选用黏度较大的发动机润滑油。发动机润滑油的黏度要保证发动机润滑油低温易于起动，而走热后又能维持足够的黏度，以保证正常润滑。

从工况方面考虑，重载低速和高温下应选择黏度较大的发动机润滑油；轻载高速应选择黏度较小的发动机润滑油。

发动机润滑油黏度级别选择,可参考表4-4。

SAE发动机润滑油黏度级号与适用温度对照表 表4-4

SAE发动机润滑油黏度级号	适用温度	SAE发动机润滑油黏度级号	适用温度
5W/30	-30~30℃	20W/20	-15~20℃
10W/30	-25~30℃	30	-10~30℃
15W/30	-20~30℃	40	-5~40℃以上
15W/40	-20~40℃以上		

第二节 发动机润滑油的使用

对发动机润滑油作出合理选择后,必须依据规定对其加以正确使用。

在使用中应注意以下几个方面:

(1)要注意使用中润滑油颜色、气味的变化,有条件者可以定期检查润滑油的各项性能指标,一旦发现颜色、气味以及性能指标有较大变化,应及时更换,不应教条地照搬换油期限。

(2)换油时,应采用热机放油方法。即在更换发动机润滑油时,应先运行车辆,然后趁热放出润滑油,以便使机内的油泥、污物等尽可能地随润滑油一起排出。

(3)适量加注发动机润滑油。油量不足会加速润滑油的变质,而且会因缺油而引起零件的烧损;发动机润滑油加注过多,则不仅会增大润滑油的消耗量,而且过多的润滑油易窜入燃烧室内,将恶化混合气的燃烧。

(4)要定期检查清洗发动机润滑油滤清器,清理油底壳中的脏杂物。

(5)不同牌号的发动机润滑油不得混用,以免引起化学反应。

(6)选购时,应尽可能购买有影响、有知名度的正规厂家生产的发动机润滑油,要特别注意辨别真假,以确保润滑油的品质。

第三节 发动机润滑油的更换

发动机润滑油的更换,应依据以下三条原则:一是根据车辆的行驶里程(或发动机润滑油的工作时间)确定,称为定期换油;二是根据发动机润滑油的使用性能降低程度确定,称为按质换油;三是采用在发动机润滑油油质监测条件下的定期换油。

一、定期换油

定期换油就是按行驶里程或使用时间对发动机润滑油使用性能变化的影响规律来换油。换油期依据发动机润滑油使用性能变化的影响规律来确定。换油期与发动机润滑油使用性能级别、发动机润滑油技术状况和运行条件有关。

汽油发动机润滑油参考换油里程如表4-5所示。表4-6列出了部分柴油发动机润滑油参考换油里程或换油期。

二、按质换油

此原则是依据对能够反映在用发动机润滑油质量的一些有代表性的理化指标的测试评定,来作出是否换油的决定。

在用发动机润滑油中有一项指标达到换油指标时，就应更换新油。

现行的在用发动机润滑油换油指标国家标准有《汽油机油换油指标》（GB/T 8028—2010）（表4-7）和《柴油机油换油指标》（GB/T 7607—2010）（表4-8）。

部分汽车发动机油的参考换油里程 表4-5

汽车型号	参考换油里程（$\times 10^4$km）
解放 CA1092	0.8
东风 EQ1092	0.8
北京切诺基	0.6
上海桑塔纳 LX 和上海桑塔纳 2000	0.75
富康	0.75
奥迪 100	0.75
捷达	0.75
红旗 CA7200E、红旗 CA7220E	0.75
皇冠（CROWN）3.0	0.75 或 6 个月
凌志（LEXUS）LS400	0.75 或 6 个月
凯迪拉克（CADILAC）	0.5 或 6 个月
雪佛兰（CHEVROLET）	0.5 或 6 个月
奔驰（BENZ）560	0.75 或 6 个月
解放 CA1091K2	0.6～0.8
南京依维柯 8140.27S	0.7 或 6 个月

柴油发动机润滑油参考换油里程或换油周期 表4-6

车辆或机型	柴油机型号	强化系数	使用油品	使用条件	换油里程或换油期（km）
黄河 JN1172（JN162）	X6130	3.9	CC	3、4 级路面	12000～15000
黄河 JNl173（JN 163）	6130Q	3.9			12000～15000
解放 CA15K	6100A	4.2			20000
五十铃 TXD50	DA-120	3.9			8000～10000
五十铃 NPR595	4BD1	4.4			8000～10000
黄海 DD6112NA	X6130	3.9	SD/CC、SE/CC	3、4 级路面	12000
太脱拉 T815-2	T3A-930-60	4.0	SF/CC	3、4 级路面	10000
金龙 XMQ6100	6BT5.9	4.8			5000

汽油机油换油指标技术要求和试验方法① 表4-7

项目		换油指标		试验方法
		SE、SF	SG、SH、SJ（SJ/GF-2）、SL（SL/GF-3）	
运动黏度变化率（100℃）（%）	大于	±25	±20	GB/T 265 或 GB/T 11137② 和 GB/T 8028—2010 的 3.2
闪点（闭口）（℃）	小于	100		GB/T 261
（碱值—酸值）（以 KOH 计）（mg/g）	小于	—	0.5	SH/T 0251 GB/T 7304
燃油稀释（质量分数）（%）	大于	—	5.0	SH/T 0474
酸值（以 KOH 计）（mg/g）增加值	大于	2.0		GB/T 7304

续上表

项　　目		换油指标		试验方法
		SE、SF	SG、SH、SJ(SJ/GF-2)、SL(SL/GF-3)	
正戊烷不溶物(质量分数)(%)	大于	1.5		GB/T 8926 B法
水分(质量分数)(%)大于		0.2		GB/T 260
铁含量(μg/g)	大于	1 50	70	GB/T 17476② SH/T 0077 ASTM D6595
铜含量(μg/g)增加值	大于	—	40	GB/T 17476
铝含量(μg/g)	大于	—	30	GB/T 17476
硅含量(μg/g)	大于	—	30	GB/T 17476

注:①执行本标准的汽油发动机技术状况和使用情况正常。

②此方法为仲裁方法。

柴油机油换油指标技术要求和试验方法① 表4-8

项　　目		换油指标				试验方法
		CC	CD、SF/CD	CF-4	CH-4	
运动黏度变化率(100℃)(%)大于		±25		±20		GB/T 11137 和 GB/T 7607—2010 的 3.2
闪点(闭口)(℃)	小于	130				GB/T 261
碱值下降率(%)	大于	50③				SH/T 0251④、SH/T 0688 和 GB/T 7607—2010 的 3.3
酸值增值(以 KOH 计)(mg/g)	大于	2.5				GB/T 7304
正戊烷不溶物(质量分数)(%)	大于	2.0				GB/T 8926 B法
水分(质量分数)(%)	大于	0.20				GB/T 260
铁含量(μg/g)	大于	200 100②	150 100②	150		SH/T 0077、GB/T 17476④ ASTM D6595
铜含量(μg/g)	大于	—	—	50		GB/T 17476
铝含量(μg/g)	大于	—	—	30		GB/T 17476
硅含量(增加值)(μg/g)	大于	—	—	30		GB/T 17476

注:①执行本标准的柴油发动机技术状况和使用情况正常。

②适用于固定式柴油机。

③采用同一检测方法。

④此方法为总裁方法。

三、在油质监测下的定期换油

这种方法在规定了发动机润滑油换油期的同时也监测在用油的综合指标,必要时可提前报废。

随着对在用油油质分析技术的进步,特别是油质快速分析方法的出现与广泛应用,使原来在用的发动机润滑油定期换油法,倾向于同时采用简易快速在用油分析法作为定期换油合理性的监测手段。

目前,我国多采用滤纸斑点试验法和仪器测定法。

(1)滤纸斑点试验法:按《润滑油现场检验法》(GB/T 8030)规定的有关方法,在取得带有油污斑点的测试用滤纸后,将测试滤纸斑点与典型斑点进行对比分析,以判断含有清净剂和分散剂的发动机润滑油的清净分散性,分析发动机润滑油的清净剂和分散剂功能的丧失程度。

典型斑点形态基本分为3个环,如图4-1所示。

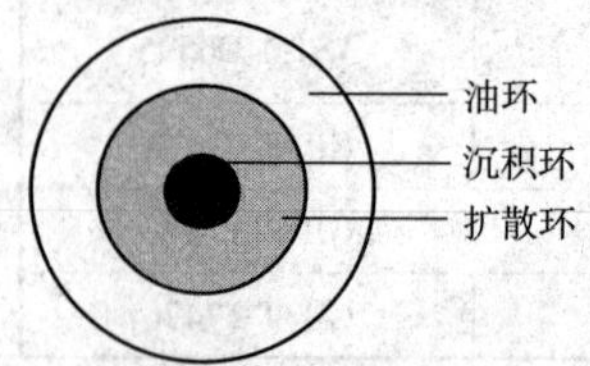

图4-1 滤纸斑点形态示意图

①沉积环。在斑点中心,呈淡灰至黑色,为大颗粒不溶物沉积区。发动机润滑油接近报废时,清净剂和分散剂消失,沉积环直径小,颜色黑。

②扩散环。在沉积环外圈呈淡灰色到灰色的环带,它是悬浮在油内的细颗粒杂质向外扩散留下的痕迹。环带宽度越宽,分散性越好。环带窄或消失,表示清净剂和分散剂已耗尽。

③油环。在扩散环外圈,是颜色由淡黄到棕红色的浸油区。此环可反映发动机润滑油的氧化程度。新油的油环透明,氧化越深,颜色越暗。

滤纸斑点图谱一般分为4级:

①1级。油斑的沉积环与扩散环之间没有明显界限,整个油斑颜色均匀,油环色浅而明亮,说明发动机润滑油油质良好。

②2级。沉积环颜色深,扩散环较深,沉积环与扩散环间没有明显界限,油环颜色变黄,说明发动机润滑油已污染,应加强滤清,但可继续使用。

③3级。沉积环呈黑色,扩散环变窄,油环颜色变深,说明发动机润滑油接近报废,应更换新油。

④4级。油斑只有沉积环和油环,无扩散环,沉积环乌黑,稠厚而不易干燥,说明发动机润滑油已严重污染,应更换新油。

(2)仪器测定法。油质测定仪的基本原理是,通过测定在用发动机润滑油的介电系数,以反映其污染程度。

发动机润滑油是电介质,具有一定的介电系数。发动机润滑油的介电系数值取决于发动机润滑油中的添加剂或污染物。

发动机润滑油劣化时,过氧化物、酸和其他原子团在油粒子上形成,从而引起油粒子极性变化(一端变正,一端变负)。

当一些极化了的粒子逐渐增大时,发动机润滑油的介电系数随之增大。也就是说,发动机润滑油污染严重,介电系数越大。

通过对新旧发动机润滑油介电系数变化的测定,来分析发动机润滑油的污染程度。

图4-2所示的快速油质分析仪就是依据这一原理实现对油质进行快速分析的。

取一小滴油样即可快速测定和显示杂质对润滑油介电系数的影响,判断润滑油的品质好坏,决定是否换油。

同时,利用快速油质分析仪对油质做定性分析,还可以帮助维修技术人员检测和判断、确定润滑故障或机械故障等情况。

图4-2 HF-1快速油质分析仪

第四节 发动机润滑油选择和使用失误对车辆造成的危害及处理

为了充分发挥高质量发动机润滑油的作用、延长汽车的使用寿命，必须足够认识发动机润滑油的选择和使用的重要性。目前，一些使用和维修人员缺乏必要的发动机润滑油选择和使用知识，由此造成的汽车早期损坏现象时有发生。以下列举一些目前发动机润滑油选择和使用失误对车辆造成的危害及处理。

1. 柴油车使用汽油车润滑油

柴油机和柴油机虽然同样在高温、高压、高速和高负荷条件下工作，但两者仍有较大区别。柴油机的压缩比是汽油机的 2 倍多，其主要零件受到高温高压冲击要比汽油机大得多，因而有些零部件的制作材料有所不同。例如，汽油机主轴瓦与连杆轴瓦可用材质较软、抗腐蚀性好的巴氏合金来制作，而柴油机的轴瓦则必须用铅青铜或铅合金等高性能材料来制作，但这些材料的抗腐性能较差。为此，在柴油机油的炼制过程中，要多加些抗腐剂，以便使用中能在轴瓦表面生成一层保护膜以减轻轴瓦的腐蚀，并提高其耐磨性能。由于汽油机润滑油没有这种抗腐剂，如果将其加入柴油机，轴瓦在使用中就容易出现斑点、麻坑，甚至成片剥落的不良后果，润滑油也会很快变脏，并导致烧瓦抱轴事故发生。另外，柴油的含硫量比汽油大，这种有害物质在燃烧过程中会形成硫酸或亚硫酸，连同高温高压废气一道窜入油底壳内，加速润滑油的氧化与变质，故在柴油机润滑油炼制过程中需要加入一些抗氧化的添加剂，使润滑油呈碱性。若有酸性气体窜入，可起到一定的中和作用，不致润滑油过快地氧化变质。而汽油机润滑油则不加这种添加剂，因而呈中性，若将其用于柴油机，会因上述酸性气体的腐蚀很快变质失效。

2. 国产车盲目使用进口润滑油

有些车主认为，进口润滑油一定比国产润滑油好，因此在国产车特别是新车上使用进口润滑油。殊不知，这样做往往得不偿失。例如，进口润滑油大都黏度较低，不能适应国产车对润滑油黏度的要求。加上国产发动机各种配合部件的材料受热膨胀系数及配合间隙较进口车大，而且大多数国产发动机没有装置机油散热器，若盲目采用进口润滑油，会因发动机在正常工作温度下润滑油过稀使油压偏低，甚至达不到规定的工作压力，不能满足正常润滑的需要，使发动机的磨损加剧。

3. 高档车要用进口润滑油

有些车主认为，高档车造价高，使用质量好的进口润滑油更安全、更保险，其实不然，评价润滑油质量好坏，不是看其广告宣传的力度，而是要看其质量指标以及实际使用效果。目前，国内市场销售的进口润滑油大多数是国外公司同我国合资生产，这些润滑油大多使用国产基础油、复配进口添加剂在国内调和生产的，而国产高级润滑油使用国产优质基础油、复配进口添加剂在国内调和生产，其产品质量通过了 ISO 9002 国际质量认证。因此，高档车应根据其工作条件、技术指标、技术性能选用相应质量的国产润滑油或进口润滑油，而国产和进口润滑油的价差是不言而喻的。

4. 把润滑油颜色变黑作为更换润滑油的主要依据

据了解，有不少驾驶员看到润滑油的颜色变黑，就认为油品已严重变质，而将其更换，这样做可能会造成浪费。对于没加清净分散剂的润滑油来说，使用中颜色变黑的确是油品已严重变质的表现。但现代汽车使用的润滑油一般都加有清净分散剂，目的是将黏附在活塞上的胶膜和黑色积炭洗涤下来，并分散在油中，减少发动机高温沉积物的生成，故润滑油使用一段时间后颜色容易变黑，但这时的油品并未完全变质。使用中的润滑油是否严重变质或需更换，应主要根据润滑油的理化指标是否达到报废标准来判定。目前，多数使用单位都缺少油品化验设备和化验人员，因此可在油品使用接近换油期时采用一些简易快速检测方法，如采用滤纸斑点试验法来判断油品质量变化情况。

5. 使用中只添不换

润滑油在使用过程中，由于污染、氧化等原因，质量会逐渐下降，同时也会有一些消耗，使数量减少，不断向润滑系中添加一些新油，只能弥补数量上的不足，而不能完全补偿润滑油性能的损失。随着时间的延长，润滑油的性能会变得越来越差，以致给发动机带来严重后果。为了确保发动机长期正常运行、降低磨损，必须在油品马上达到报废标准前及前更换润滑系统内的全部润滑油。

6. 选用黏度偏高的润滑油

在润滑油黏度的选择上，许多人错误地认为，高黏度的润滑油能形成较厚的油膜，因而能增强润滑效果、减少磨损。其实不然，高黏度的润滑油低温起动性和泵送性差，起动后上油速度慢，磨损反而会加剧。试验表明，发动机的磨损约有 2/3 发生在起动时的非完全流体润滑过程中，因此，为保证可靠润滑，要选用黏度适当的润滑油。

7. 不了解发动机的结构特点选择润滑油

发动机结构特点决定了发动机工况的苛刻程度，对润滑油质量等级的选用起着决定性的影响。如汽油机进排气系统中有附加装置，将使润滑油的工作条件变得更加恶化，必须选用质量等级较高的润滑油。例如，没有 PCV（曲轴箱正压通风）装置的汽油机要选用 SC 级油，而装了 PCV 后，就要选用 SD 级油；同样，装了 EGR（废气再循环装置）和催化转换器的发动机，选用的润滑油都要比没有装这类装置时提高一个质量等级。因此，在选用发动机润滑油前，必须熟悉本车发动机的结构特点。

8. 润滑油加注量过多

个别驾驶员认为：润滑油是起润滑作用的，多加一点润滑油，对发动机有益无害，而且可减少加油次数，节省时间。诚然，润滑油最主要的作用是润滑机械、减轻摩擦、降低磨损，油量不足时会加速润滑油变质，甚至会因缺油而引起零部件的烧损、异常磨损。但油量过多也不可取，原因有二：一是润滑油过多就会从汽缸与活塞的间隙中窜入燃烧室燃烧形成积炭。积炭的存在提高了发动机的压缩比，增加了产生爆燃的倾向；积炭在汽缸内呈红热状态，容易引起早燃；积炭如落入汽缸，会加剧气缸和活塞的磨损，还会加速污染润滑油。二是增加了曲轴连杆的搅拌阻力，使燃油消耗增大。试验表明：加油量超过标准 1% 时，燃油消耗会增加 1.2%。因此，除新车初驶期内为保证有可靠的冷却、清洗作用，可略微多加一些润滑油外，其他情况下一律不得超过规定的油尺最高刻度。

9. 混用发动机润滑油

各种润滑油的基础油除黏度等级不同外，其余都是一样的，区别只在于其添加成分的品种和数量。因此，一般根据添加成分的品种和数量来划分润滑油品种和质量等级。添加剂种类不同的润滑动不能混合使用，否则就可能使油中的添加剂发生化学应，损坏润滑油应有的效果。随着添加剂及其配方的不断改进，现已研制生产了通用油，如汽油机和柴油机用的 SF/CF、SF/CH 等润滑油。它们可在标明的级别范围内通用。因此，润滑油能否混用，应根据说明书的要求，全面对润滑油的名称、品种、牌号，合理选用使用级别和适当的牌号。不能盲目凭经验使用，更不能混合使用。

10. 储存、使用中混入水分

润滑油中混入水分不仅会锈蚀零件、妨碍润滑，还会降低润滑油油膜的强度，引起润滑油起泡和乳化变质，严重时会使油中的添加剂分解沉淀以致失效。因此，在储存和使用过程中要严防水分混入，特别是冬季采用蒸汽加热润滑油的车辆，应特别注意经常检查加热设备，保持其完好，以防水蒸气窜入油中。

11. 选用劣质冒牌润滑油

劣质冒牌润滑油性能指标达不到规定的要求，会影响正常使用，轻者降低润滑效果、加剧磨损、增大燃油消耗，重者会引发机械事故（如烧瓦、拉缸等）。因此，一旦发现已使用了劣质冒牌润滑油时，应立即停用，并清洗润滑油道。

第五章　青海省道路运输车辆润滑油品质变化实验研究

第一节　青海省环境气候特点

青海省地处青藏高原东北部，全省均属高原范围之内。地形复杂，地貌多样，受海拔高度、气压、山脉、冰川、积雪、湖泊等多种因素的影响，形成独特的高原气候。其气候特点有：

(1)大气压力、空气密度和含氧量：全省平均海拔3000m以上，其中54%以上地区海拔在4000m以上，大部分地区寒冷、干旱、缺氧。海拔每升高1000m，大气压力下降约9%，空气密度下降梯度为6%～10%，含氧量下降10%左右，如海拔为3000m时，大气含氧量为海平面的72%，5000m时只有海平面的57%。

(2)大气温度：全省平均气温低，境内年平均气温为-5.7～8.5℃，比同纬度的黄土高原和华北平原低8～12℃。年平均气温在0℃以下的地区占全省面积的2/3。海拔每升高1000m，年平均气温下降5～7℃。海拔4000m以上为固定冷区，年平均气温低于-4℃，冷期在5个月以上，最高气温不超过25℃，极端最低气温能够达到-40℃。

全省各地最热月份平均气温为5.3～20℃，显得比较温凉，最冷月份平均气温为-17～5℃，冷期较长。日温差大而年温差小 。青海省地面植被稀少，岩石裸露，增温散热都快，因此青海省成为全国日气温变化最大的地区之一。

(3)太阳辐射强、光照充足。省内年总辐射量仅次于西藏高原平均年辐射总量可达140～177km/cm日照时数为2350～2900h，日照百分率达51%～85%，是我国日照时数多、总辐射量大的省份。海拔每升高1000m，紫外线强度增加13%。

(4)风压、风沙。海拔每升高1000m，风压下降约9%，沙尘量大约为低海拔多尘空气密度的5倍以上。青海省除西宁市及其以东的湟水谷地盛行偏东风外，其余大部分地区盛行高原偏西风。年平均风速西北大于东南，最大风速出现在柴达木盆地西北角的茫崖镇和阿拉尔地区。

青海省是全国大风(指8级以上的风)较多的地区之一。年平均大风日数以青南高原西部为最多，达100天以上，柴达木和东部河湟谷地最少，25天左右。每年冬春季节，风多势强，开春以后，高原气温回升，但空气湿度低、降水少、地表干燥，加之省内及邻省植被稀少，多荒漠，每当出现大风天气，瞬间飞沙走石，天昏地暗，称为“黄风”。

在高海拔和地势开阔的地区，年平均风速一般都较大；而在低海拔及地势比较闭塞的河湟谷地，年平均风速则较小。

全省共有3个年平均风速≥3m/s的风速高值区，分别为海西西部至唐古拉山地区；果洛北部至海南南部地区；青海湖北沿地区。其中，年平均风速的极值出现在海西西部的茫崖地区，由于地形的狭管效应，致使该地区的年均风速达5.1m/s。

青南高原西部和环青海湖地区分别是全省大风日数出现最多和较多的地区，冬春季盛行强劲的偏西风。同时,这两个地区植被稀疏,生态环境十分脆弱,土壤沙化现象极为严重,致使每年春季特别是3月份土壤解冻后土质干燥松散,配合以频繁出现的冷空气活动产生的强劲的风力作用,导致沙尘暴天气的屡屡发生。

第二节 高原地区环境气候对发动机润滑油的劣化影响

(1)大气压力。空气密度和含氧量对润滑油的劣化影响。发动机的工作容积是固定的,由于空气密度随海拔的高度变化,高原地区环境的大气压力较低,因此发动机的进气量会相应减少,另外,大气中氧气含量的降低,使进入汽缸的燃油得不到充分的燃烧,致使发动机的排烟变浓,功率显著下降。从发动机汽缸窜到油底壳里的浓烟会加速润滑油的劣化。

(2)风沙对润滑油的劣化影响。由于高原地区风沙天气多,空气中的沙尘会使发动机的空气滤清器的滤清效率下降、除尘能力降低,使发动机润滑油中混入大量沙尘,加速润滑油的劣化。

第三节 青海地区汽车润滑油品质变化实验

一、润滑油样本污染度检测

1)实验方法

样车更换新润滑油后行驶,每隔(2000 ± 20)km 抽取油样,在一个换油周期内,不添加新润滑油,每辆车取样4～6次,将所取油样利用 THY-21C 油液质量检测仪快速测定污染度。

2)实验条件

实验样品油液都是在西宁地区抽取,利用 THY-21C 油液质量快速检测仪统一在室内检测润滑油的污染度。使用环境条件为海拔2247.3m,室温18℃,湿度32%。

3)检测步骤

(1)将仪器箱置于水平工作台上,打开箱体上盖。

(2)接通220V电源,打开"电源"开关,按[ON]键,红灯亮,仪器通电自检成功。液晶屏显示"THY-21C 欢迎使用天厚电子产品"后,等待键盘命令。

(3)调校"0"点,用沸程60～90℃的石油醚浸泡油腔,再用干棉球擦拭,在待机状态下,按[调零]键,仪器进入调零状态,液晶屏显示"请加样油"后待机,此时将新油(即与被测油同型号的干净油)滴入油腔3～5滴。

(4)按[确认]键,仪器进入调零状态。

(5)手动调节调零旋钮,使液晶屏显示为±0.2之内,直到液晶屏显示"调零完成!"。

(6)清洗油腔,用干棉球将油腔内的油擦掉,并将石油醚滴入该油腔;稍后用干棉球将该油腔擦净。

(7)按[快速检测]键,液晶屏显示"请加污油"后待机。

(8)将被测油滴入油腔内3～5滴,按[确认]键,红灯亮,等待仪器自动检测。

(9)液晶屏显示检测数据,将该数据与报废指标参考值对比,可判断油质状态。

(10)记录检测数据,并重复以上步骤,反复测量3次,取平均值。

二、润滑油样本理化指标检测

根据《汽油机油换油指标》(GB/T 8028—2010)和《柴油机油换油指标》(GB/T 7067—

2010)中规定检测的项目,将实验车辆最后一次抽取的机油样本,送至兰州润滑油研究开发中心石油产品和润滑剂监测站做理化性质分析,进一步确定在用油的品质,样本具体检测理化指标项目及其检测依据如表 5-1 所示。

理化指标检测项目　　表 5-1

检 测 项 目	检 测 依 据
酸值(以 KOH 计)(mg/g)	GB/T 7304—2000
运动黏度 100℃(mm^2/s)	GB/T 265—1988
等离子测金属元素量铜含量(μg/g)	GB/T 17476—1998
等离子测金属元素量硅含量(μg/g)	GB/T 17476—1998
不溶物戊烷不溶物(质量分数)(%)	GB/T 8926—2012
水分(质量分数)(%)	GB/T 260—1977
碱值(以 KOH 计)(mg/g)	SH/T 0251—1993
等离子测金属元素量铁含量(μg/g)	GB/T 17476—1998
等离子测金属元素量铝含量(μg/g)	GB/T 17476—1998

第四节　青海地区道路运输车辆润滑油品质变化案例分析

一、载货汽车润滑油品质变化分析

1. 实验车辆基本资料

车辆类型:载货汽车;燃油类型:柴油;车型:北方奔驰(20t);选取数量:3 辆。

2. 发动机油油样理化性能分析结果探讨

本实验中,青 ADH1 实验车在里程表读数为 46770km 时,加注润滑油牌号 API CH-4 15W-40,在累计行驶里程为 10593km 时进行润滑油检测;青 ADH2 实验车在里程表读数为 41386km,加注润滑油牌号 API CH-4 15W-40,在累计行驶里程为 2037 ~ 9875km 时进行润滑油检测,检测数据见表 5-2。

实验车润滑油检测数据　　表 5-2

车型	累计行驶里程(km)	快速检测	不溶物戊烷不溶物质量分数(%)	碱值	水分(质量分数)(%)	酸值	运动黏度100℃	等离子测金属元素含量铁含量(μg/g)	等离子测金属元素含量铜含量(μg/g)	等离子测金属元素含量硅含量(μg/g)	等离子测金属元素含量铝含量(μg/g)
		测量值									
青 A DH1	0					15.5	无		13.85	0.9	0.1
	10593	10.4	0.17	8.4	无		12.1	46.9	4.1	3.3	5.7
青 A DH2	2037	3.7	0.1	9.985	0.008	3.12	14.11	3.7	0.92	0.31	0.35
	3908	4.8	0.13	9.982	0.015	3.38	13.67	9.89	1.88	1.67	1.68
	5992	5.6	0.22	9.973	0.029	3.45	13.04	15.36	3.05	2.53	3.31
	7910	7.7	0.25	9.968	0.035	3.79	12.68	28.57	5.15	4.11	5.09
	9875	9.7	0.29	9.958	0.041	4.01	11.98	32.4	5.96	5.94	6.11

注:“碱值”单位为(以 KOH 计)mg/g;“酸值”单位为(以 KOH 计)mg/g;“运动黏度 100℃”单位为 mm^2/s。

据表 5-2 中实验数据可知，实验车辆青 ADH1 目前的换油累计行驶里程为 10593km，此时其运动黏度变化率为 -12.6%，运动黏度变化率都远没有达到《柴油机油换油指标》(GB/T 8028—2010)中对于运动黏度变化率小于等于 ±20% 的要求。而青 ADH2 实验车目前的换油累计行驶里程为 9875km，此时其运动黏度变化率为 -15.1%，运动黏度变化率都远没有达到《柴油机油换油指标》(GB/T 8028—2010)中对于运动黏度变化率小于等于 ±20% 的要求。其他指标都符合《柴油机油换油指标》(GB/T 8028—2010)要求。因此，还可以延长其换油周期。

(1)青 ADH2 100℃运动黏度变化趋势。青 ADH2 100℃运动黏度变化如图 5-1、图 5-2 所示。

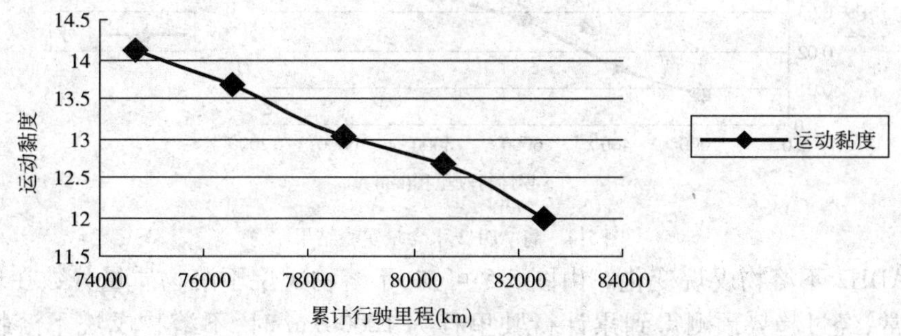

图 5-1　青 ADH2 100℃运动黏度实验结果

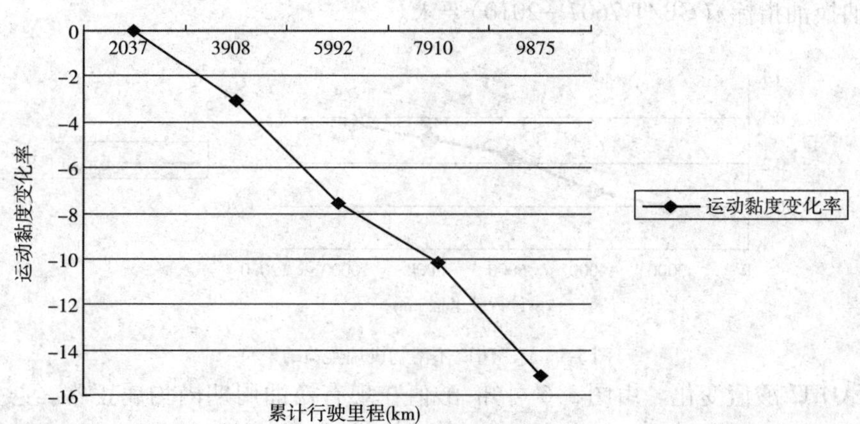

图 5-2　青 ADH2 100℃运动黏度变化率实验结果

由图 5-1、图 5-2 可知，100℃运动黏度变化在现有换油周期内均属正常，经过一元二次回归分析趋势预测，得到累计行驶里程为 12000km 时，100℃运动黏度变化率 -19.144%，而当累计行驶里程为 13000km 时，100℃运动黏度变化率 -21.394%，超过了《柴油机油换油指标》(GBT 7607—2010)100℃运动黏度变化率 -20%。

(2)青 ADH2 碱值变化。由图 5-3 可知，碱值变化在现有换油周期内均属正常，经过趋势预测得到累计行驶里程为 12000km 时，碱值为 9.9479%，而当累计行驶里程为 13000km 时，碱值 9.9419%。变化符合《柴油机油换油指标》(GB/T 7607—2010)要求。

(3)青 ADH2 水含量变化。由图 5-4 可知，水分变化在现有换油周期内均属正常，经过趋势预测得到累计行驶里程为 12000km 时，水分含量为 0.0494，而当累计行驶里程为 13000km 时，水分含量为 0.05714。变化符合《柴油机油换油指标》(GB/T 7607—2010)要求。

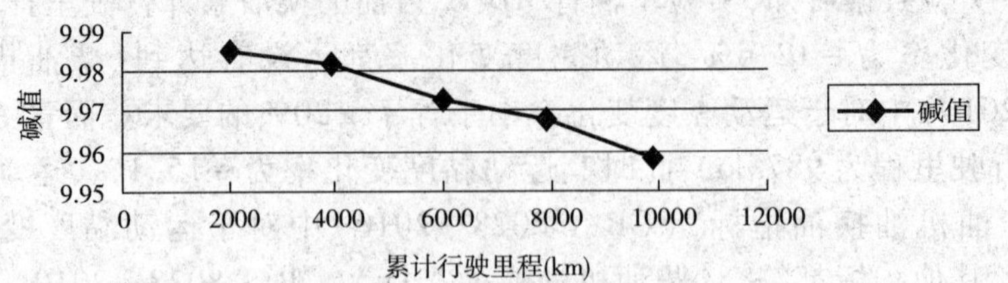

图 5-3　青 ADH2 碱值实验结果

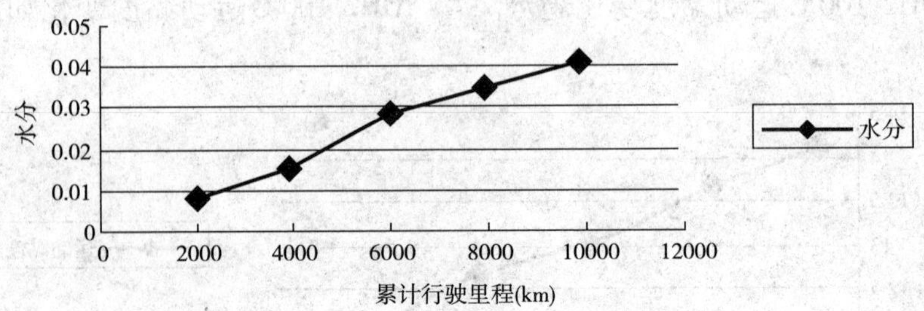

图 5-4　青 ADH2 水含量实验结果

(4)青 ADH2 不溶物戊烷变化。由图 5-5 可知,不溶物戊烷不溶物质量分数在现有换油周期内均属正常,经过趋势预测得到累计行驶里程为 12000km 时,不溶物戊烷不溶物质量分数为 0.2695,而当累计行驶里程为 13000km 时,不溶物戊烷不溶物质量分数为 0.2795。变化符合《柴油机油换油指标》(GB/T 7607—2010)要求。

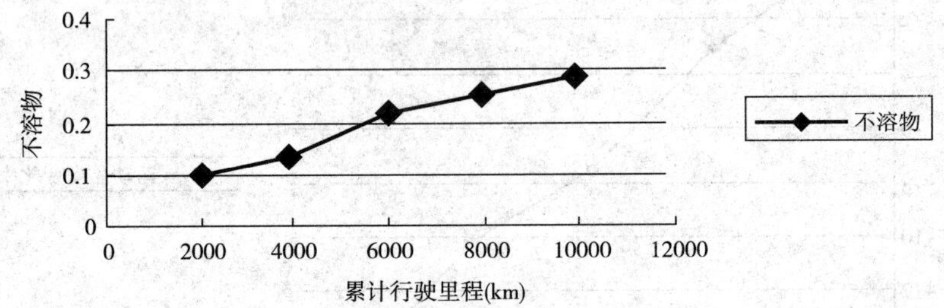

图 5-5　青 ADH2 不溶物戊烷实验结果

(5)青 ADH2 酸值变化。由图 5-6 可知,酸值在现有换油周期内均属正常,经过趋势预测得到累计行驶里程为 12000km 时,酸值为 4.406,而当累计行驶里程为 13000km 时,酸值为 4.576,酸值变化 1.456 符合《柴油机油换油指标》(GB/T 7607—2010)要求。

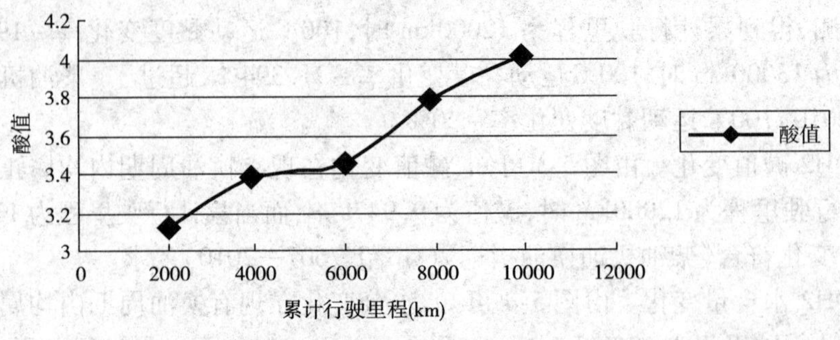

图 5-6　青 ADH2 酸值实验结果

(6)青 ADH2 铁含量变化。由图 5-7 可知,铁含量在现有换油周期内均属正常,经过趋势预测得到累计行驶里程为 12000km 时,铁含量为 42.1231,而当累计行驶里程为 13000km 时,铁含量为 46.5731,铁含量符合《柴油机油换油指标》(GB/T 7607—2010)要求。

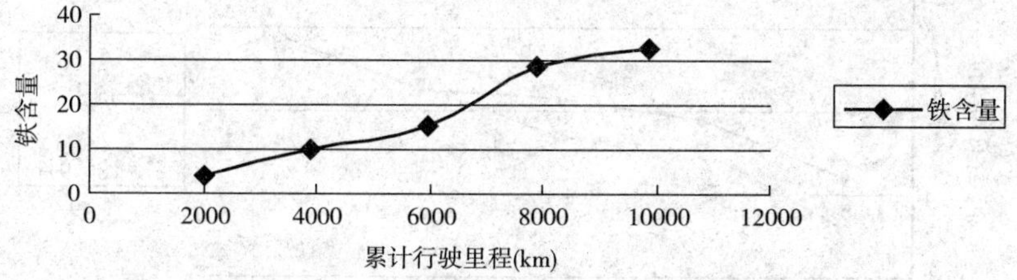

图 5-7　青 ADH2 铁含量实验结果

(7)青 ADH2 金属元素含量变化。由图 5-8 可知,金属元素含量在现有换油周期内均属正常,经过趋势预测得到累计行驶里程为 13000km 时,金属元素含量符合《柴油机油换油指标》(GB/T 7607—2010)要求。

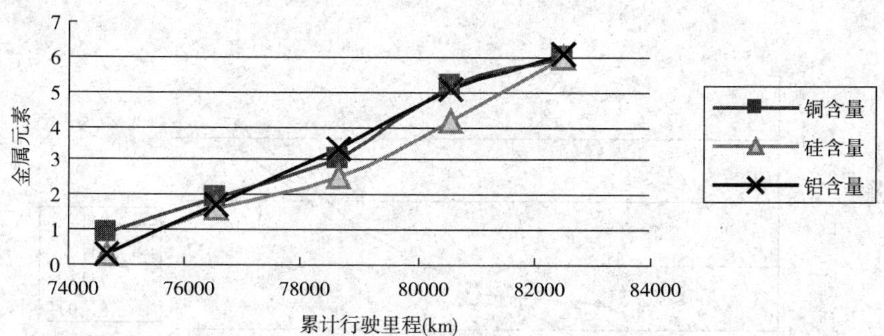

图 5-8　青 ADH2 金属元素含量实验结果

(8)青 ADH2 综合污染度变化。由图 5-9 可知,综合污染度检测值在现有换油周期内均属正常,经过趋势预测得到累计行驶里程为 12000km 时,综合污染度为 12.7694,而当累计行驶里程为 13000km 时,综合污染度为 14.3294,综合污染度略超过所拟定的目标值 13。

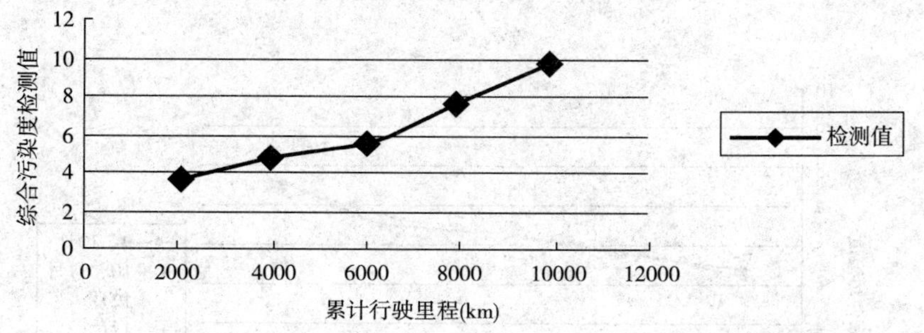

图 5-9　青 ADH2 综合污染度检测值

3. 实验车型综合污染度数据分析与处理

实验车型综合污染度随里程变化如图 5-10 ~ 图 5-12 所示。

为使预测数据更加科学合理、符合国标规定,拟定综合污染度最高为 13 左右,经过预测,得到表 5-3 数据。

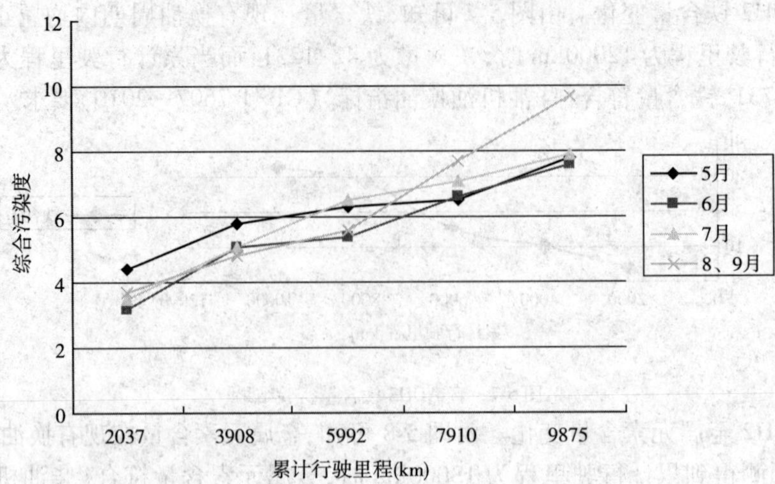

图 5-10　青 ADH2 综合污染度不同月份检测值

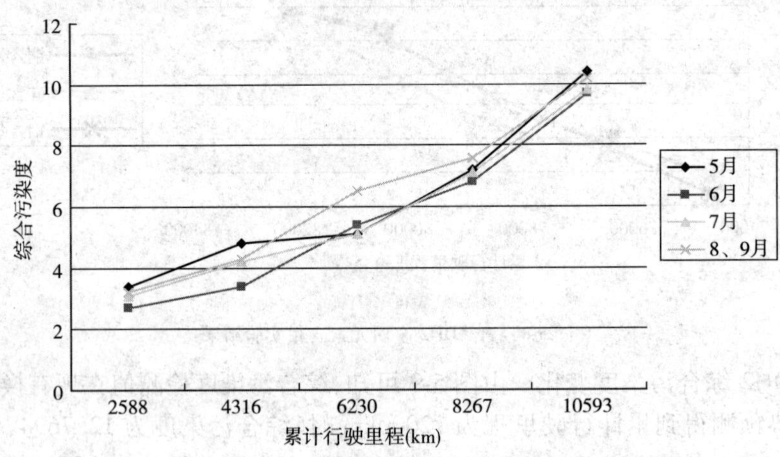

图 5-11　青 ADH1 综合污染度不同月份检测值

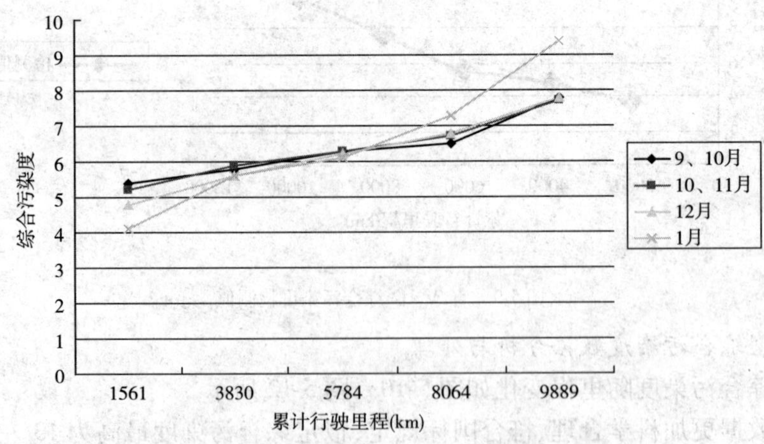

图 5-12　青 ADH3 综合污染度不同月份检测值

污染度为 **13** 时累计行驶里程预测值　　　　表 5-3

青 ADH1			青 ADH2			青 ADH3		
取样时间	累计行驶里程(km)	污染度预测值	取样时间	累计行驶里程(km)	污染度预测值	取样时间	累计行驶里程(km)	污染度预测值
5 月	12000	12.8352	5 月	12000	7.4616	9/10 月	17000	13.6208
6 月	12000	12.4601	6 月	12000	7.514	10/11 月	20000	12.9508
7 月	12000	12.7233	7 月	12000	7.514	12 月	20000	12.3165
8、9 月	13000	13.649	8、9 月	12000	12.7694	1 月	14000	13.7073

由表 5-3 可知，对于 3 辆实验车，其中 2 辆车污染度达到 13 左右的预测累计行驶里程基本可以达到 12000km。而第 3 辆车污染度达到 13 左右的预测累计行驶里程基本可以达到 14000km。

4. 参考换油周期分析

根据文献资料[2]中所得出的实验结果，40t 以下货车润滑油运动黏度如图 5-13 所示。

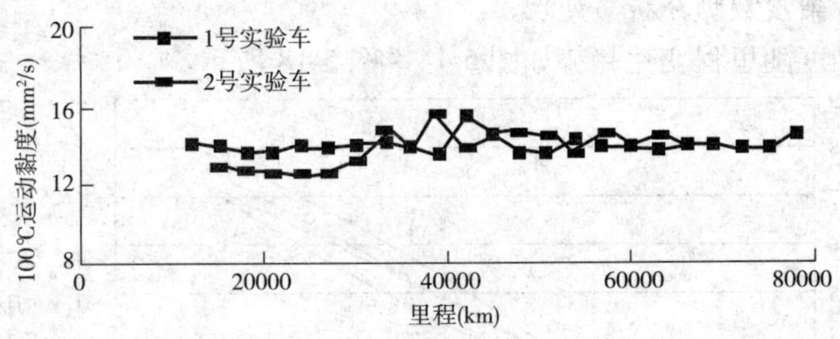

图 5-13　40 吨以下货车润滑油运动黏度

由图 5-13 可知，运动黏度变化与本实验中货车运动黏度变化相同，文献资料中建议加注润滑油牌号为 CH-4 5W-40，柴油机油车换油周期建议为 8000～13000km。

5. 结论

由本研究可知，当以综合污染度为 13 左右作为上限时，预测出的累计行驶里程为 12000km，对比参考文献[2]研究中对加注润滑油牌号为 CH-4 5W-40 柴油机油车换油周期建议为 8000～13000km，本研究预测值在其建议换油周期区间内，因其黏度变化也与本实验类似，因此作为参考换油里程较为合理，结合本研究预测结果，建议装载质量 20t 的货车的换油里程 12000km，如果装载质量大于 40t 应当适当减短其换油里程，并且在建议里程前后应该密切注意油运动黏度变化，及时取样进行分析，一旦发现达到换油指标，应立即换油。

二、出租车润滑油品质变化分析

1. 实验车辆基本资料

车辆类型：载客汽车；燃油类型：汽油；车型：捷达(5 座)；选取数量：4 辆。

2. 发动机润滑油油样理化性能分析结果探讨

本实验中，青 AXK1 车型在里程表读数为 133826km，加注润滑油牌号为 SJ5W-40，在累计行驶里程为 6037km 时的润滑油检测数据如表 5-4 所示。

实验车润滑油检测数据　　　　表 5-4

车型	累计行驶里程	快速检测测量值	不溶物戊烷不溶物质量分数（%）	碱值	水分（质量分数）（%）	酸值	运动黏度 100℃	等离子测金属元素含量铁含量(μg/g)	等离子测金属元素含量铜含量(μg/g)	等离子测金属元素含量硅含量(μg/g)	等离子测金属元素含量铝含量(μg/g)
青 AXK1	0					1.34	13.8		1.4	12.47	
	6037	7.2	0.028	8.96	0.04	2.4	12.65	7.34	1.25	6.42	4.2
青 AXK2	0					3.04	15.24		0.01	0.85	
	9596	6.7	0.15	8.96	0.04	4.56	14.98	16.44	10.64	7.88	2.47

注："碱值"单位为（以 KOH 计）mg/g，"酸值"单位为（以 KOH 计）mg/g，"运动黏度 100℃"单位为 mm^2/s。

据表 5-4 中实验数据可知，实验车辆青 AXK1 目前的换油累计行驶里程为 6037km，此时其运动黏度变化率为 8%，而实验车辆青 AXK2 目前的换油累计行驶里程为 9596km，此时其运动黏度变化率为 2%，两者运动黏度变化率都远没有达到《汽油机油换油指标》（GB/T 8028—2010）中对于运动黏度变化率小于等于 ±20% 的要求，其他指标都符合《汽油机油换油指标》（GB/T 8028—2010）要求。因此，还可以延长其换油周期。

3. 实验车型污染度数据分析与处理

实验车型污染度随里程变化趋势如图 5-14 ~ 图 5-18 所示。

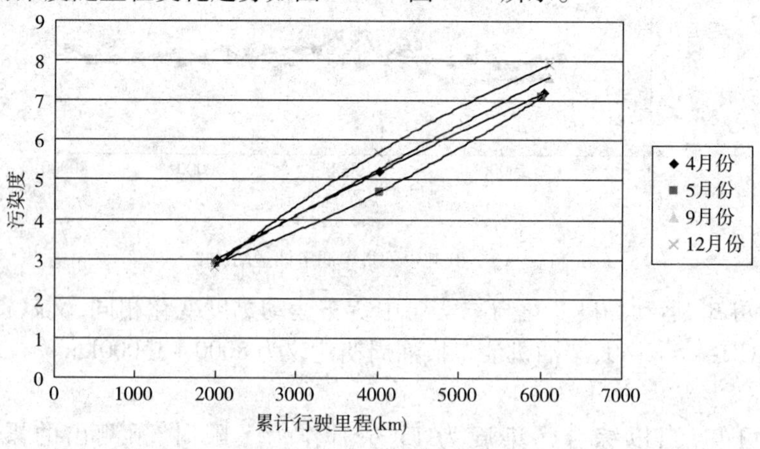

图 5-14　青 AXK1 综合污染度变化

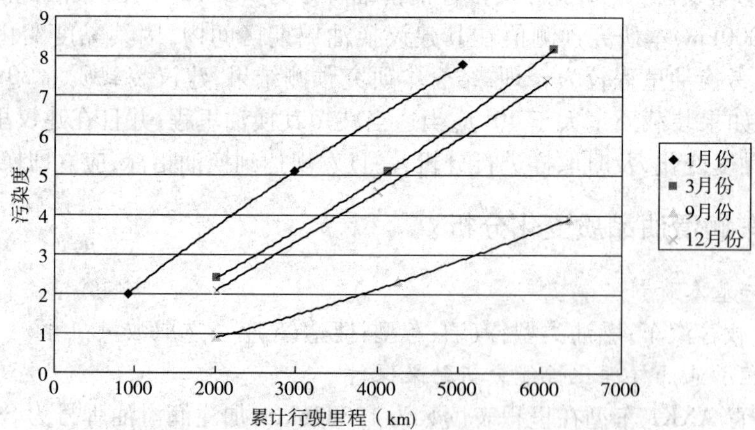

图 5-15　青 AXK3 综合污染度变化

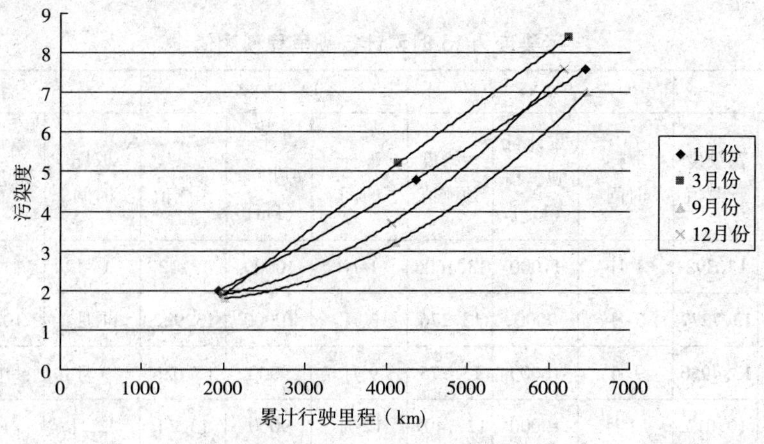

图 5-16　青 AXK4 综合污染度变化

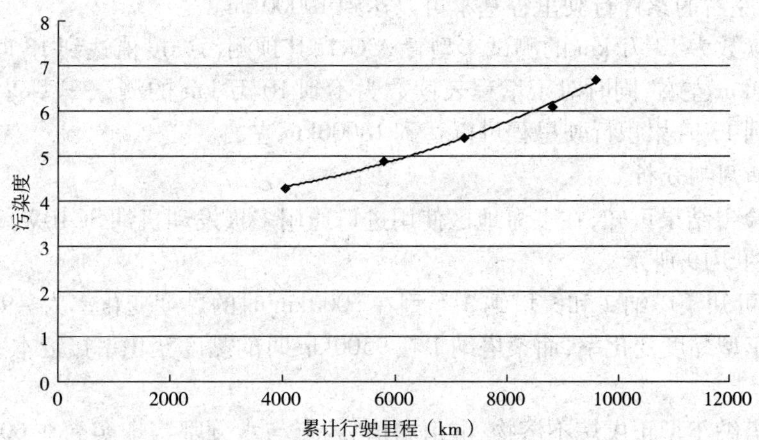

图 5-17　青 AXK2 综合污染度变化

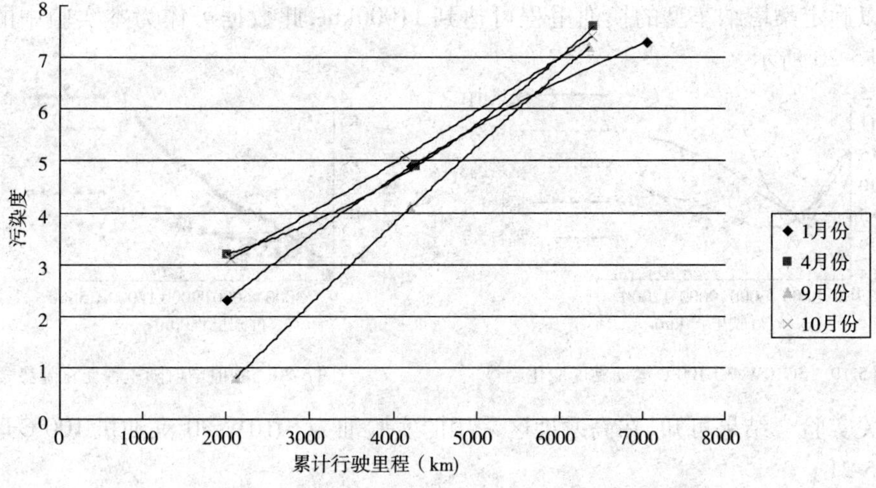

图 5-18　青 AXK5 综合污染度变化

为使预测数据更加科学合理、符合国标规定，拟定综合污染度最高为 13 左右，经过预测，得到表 5-5 数据。

污染度为 13 时累计行驶里程预测值　　表 5-5

青 AXK1			青 AXK3			青 AXK4			青 AXK5		
取样时间	累计行驶里程(km)	污染度预测值	取样时间	累计行驶里程(km)	污染度预测值	取样时间	累计行驶里程(km)	污染度预测值	取样时间	累计行驶里程(km)	污染度预测值
4 月	15000	13.398	1 月	11000	13.1606	1 月	10000	13.12	1 月	13000	10.0667
5 月	10000	13.7277	3 月	9000	13.276	3 月	10000	13.922	4 月	10000	12.8817
9 月	12000	13.4956	9 月	16000	13.975	9 月	9000	13.036	9 月	11000	13.3513
12 月	15000	10.013	12 月	10000	12.7407	12 月	9000	13.74	12 月	14000	10.0467

由表 5-5 可以知,对于里程表读数超过 40 万 km 的测试车型青 AXK3、青 AXK4、青 AXK5 污染度达到 13 左右的累计行驶里程基本可以达到 10000km。

而里程表读数为 13 万 km 的测试车型青 AXK1,其预测污染度值达到 13 时累积行驶里程可以达到 12000km 左右,同时对于里程表读数为不到 10 万 km 的测试车型青 AXK2 车,其预测污染度值达到 13 时累积行驶里程可以达到 18000km 左右。

4. 参考换油周期分析

据相关实验[3]结果可知,在上海地区使用进口通用多极发动机油 SG10W/30 100℃的运动黏度变化率如图 5-19 所示。

由图 5-19 可知桑塔纳 2 和桑塔纳 3 车型在 6000km 时的黏度变化率为 -9.5%,接近本实验中青 AXK1 车型黏度变化率,而桑塔纳 1 在 9500km 时的黏度变化率接近本案中青 AXK2 车型的 1.7%。

实验中桑塔纳车型正戊烷不溶物、酸值增值、闪点与水分都与本实验在 6000km 时非常相似,可以将实验中桑塔纳的换油指标测定作为参考,根据实验中对正戊烷不溶物、酸值增值、闪点与水分、红外光谱分析中氧化物、硝化物、皂化物 ZDDP 降解、原子发射光谱分析、铁谱分析的结果可以确定桑塔纳车型的换油里程可达到 11000km,此数据可作为本实验中的借鉴换油里程,如图 5-20 所示。

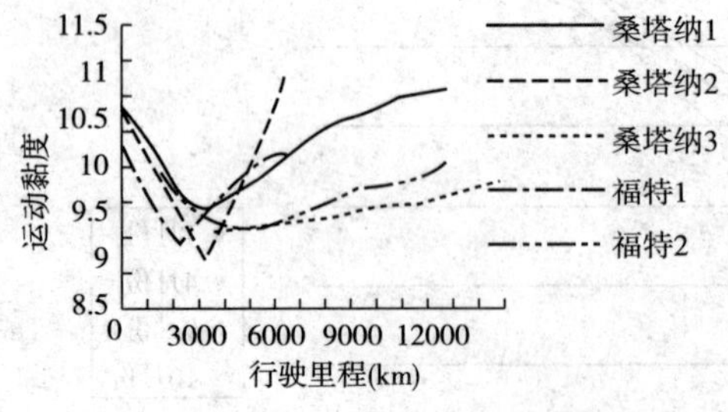

图 5-19　SG10W/30 100℃运动黏度变化趋势

图 5-20　酸值增值随里程变化趋势

据相关实验[4]结果可知,在高寒地区采用的实验油为 SJ10W-30 汽油机 100℃运动黏度变化率见图 5-21。

可以看出,同一实验油样在不同排量的三辆试验车上的黏度变化率均不同,说明不同的车型(主要指发动机和排量)对润滑油的影响是不同的。综合来看,三辆实验车的黏度变化率均在 ±15% 以内。该实验中奔驰商务车的黏度变化率与本实验车型相似,可以作为参考。

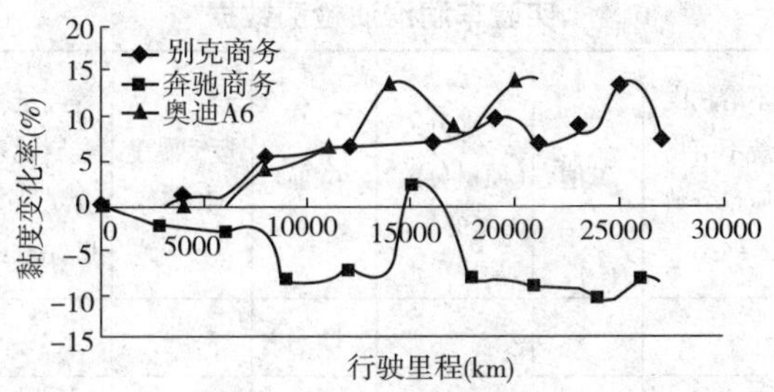

图 5-21 SJ10W-30 汽油机 100℃运动黏度变化率

根据文献实验中其他换油指标的检测结果，可得出奔驰商务车的换油里程超过 20000km，考虑到青海省出租汽车的实际情况和行驶条件，为保护发动机，可将参考文献[3]中的桑塔纳车型换油里程 11000km 作为参考换油里程。

5. 结论

由本研究中的综合污染度预测值可知，对于里程表读数超过 40 万 km 的测试车型青 AXK3、青 AXK4、青 AXK5 污染度达到 13 左右的累计行驶里程基本可以达到 10000km，与参考文献资料[3]中的桑塔纳车型换油里程 11000km 非常接近，因其黏度变化率也与本实验中试验车型润滑油运动黏度变化率非常相似，因此作为参考换油里程较为合理，在此可以建议，为保险起见，可将出租车换油里程定为 10000km。

而里程表读数为 13 万 km 的测试车型青 AXK1，其预测污染度值达到 13 时累积行驶里程可以达到 12000km 左右，同时对于里程表读数为不到 10 万 km 的测试车型青 AXK2 车，其预测污染度值达到 13 时累积行驶里程可以达到 18000km 左右，因此可以得出对于新车（即累积行驶里程较短）其换油周期可以适当延长至 12000km 左右。

但在建议里程前后应该密切注意油运动黏度变化，及时取样进行分析，一旦发现达到换油指标，应立即换油。

三、长途客车润滑油品质变化分析

1. 实验车辆基本资料

车辆类型：载客汽车；燃油类型：柴油；车型：金龙（35 座）；选取数量：3 辆。

2. 发动机润滑油油样理化性能分析结果探讨

本实验中，青 ADK1 实验车里程表读数为 303563km，加注润滑油牌号为 API CH4 15W-40（冬季）15W-50（夏季），在累计行驶里程为 13153km 时对润滑油进行检测；青 ADK2 实验车里程表读数为 312801km，加注润滑油牌号冬季 ASE 15W-40，在累计行驶里程为 13351km 时对润滑油进行检测；青 ADK3 实验车里程表读数为 272385km，加注润滑油牌号 20W/50，在累计行驶里程为 13244km 时对润滑油进行检测，数据如表 5-6 所示。

据表 5-6 中实验数据可知，实验车辆青 ADK1 目前的换油累计行驶里程为 13153km，此时其运动黏度变化率为 -10%，运动黏度变化率都远没有达到《柴油机油换油指标》（GB/T 8028—2010）中对于运动黏度变化率小于等于 ±20% 的要求。而实验车辆青 ADK2 目前的换油累计行驶里程为 13351km，此时其运动黏度变化率为 -25%，而实验车辆青 ADK3 目前的换油累计行驶里程为 13244km，此时其运动黏度变化率为 -25%，其他指标都符合《柴油机油换油指标》（GB/T 8028—2010）要求。但其加注润滑油牌号 20W/50 与青海省气候并不相宜。因此，在更换适用润滑油牌号的基础上，还可以延长其换油周期。

实验车润滑油检测数据　　表 5-6

车型	累计行驶里程	快速检测	不溶物戊烷不溶物质量分数（%）	碱值	水分（质量分数）（%）	酸值	运动黏度 100℃	等离子测金属元素含量铁含量（μg/g）	等离子测金属元素含量铜含量（μg/g）	等离子测金属元素含量硅含量（μg/g）	等离子测金属元素含量铝含量（μg/g）
		测量值									
青 ADK1	0					15.4			21.54	0.8	0.1
	13153	7.2	0.2	8.1	无		19.35	66.2	4.9	21	12.9
青 ADK2	0			16	无		17.56	2.6	0.1	12.9	1.9
	13351	6.7	0.18	8.9	无		13.12	40.1	3.8	7.2	5.5
青 ADK3	0			16		3.02	17.54		0.06	7.44	
	13244	6.9	0.18	7.99	痕迹	4.39	13.14	29.2	3.1	5.32	4.19

注："碱值"单位为（以 KOH 计）mg/g；"酸值"单位为（以 KOH 计）mg/g；"运动黏度 100℃"单位为 mm^2/s。

3. 实验车型污染度数据分析与处理

实验车型污染度随里程变化图 5-22 ~ 图 5-24 所示。

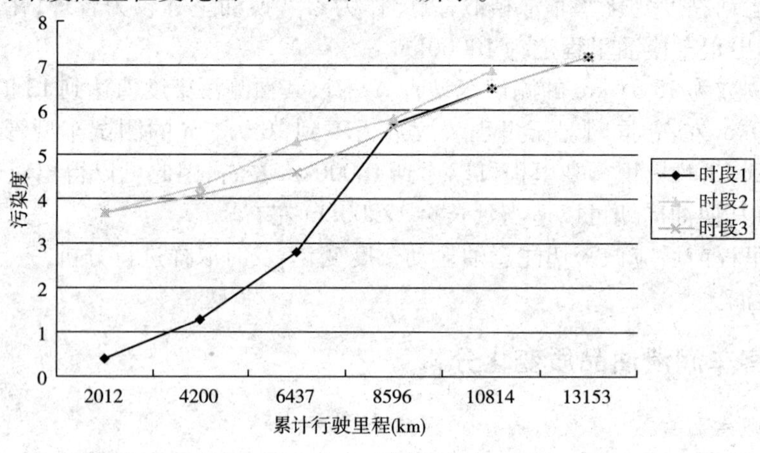

图 5-22　青 ADK1 综合污染度变化

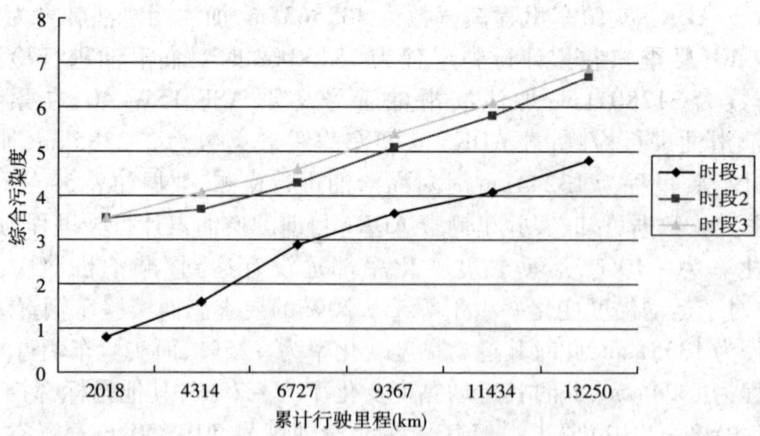

图 5-23　青 ADK2 综合污染度变化

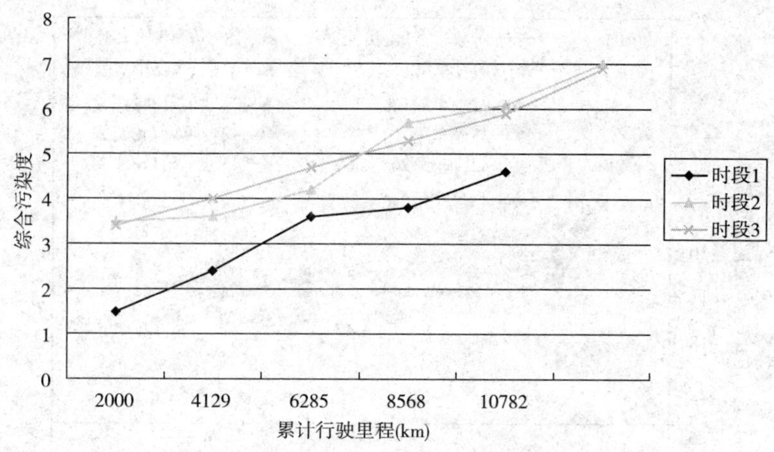

图 5-24　青 ADK3 综合污染度变化

为使预测数据更加科学合理、符合国标规定、拟定综合污染度最高为 13 左右，经过预测，得到如表 5-7 数据。

污染度为 13 时累计行驶里程预测值　　　　表 5-7

青 ADK3			青 ADK2			青 ADK3		
取样时间	累计行驶里程（km）	污染度预测值	取样时间	累计行驶里程（km）	污染度预测值	取样时间	累计行驶里程（km）	污染度预测值
时段 1	25000	8.2209	时段 1	30000	6.7043	时段 1	20000	4.3856
时段 2	25000	13.079	时段 2	22000	13.8695	时段 2	25000	13.4583
时段 3	25000	12.08	时段 3	30000	3.07	时段 3	30000	13.3644

由表 5-7 可以知，对于三辆实验车污染度达到 13 左右的预测累计行驶里程基本可以达到 25000km。

4. *参考换油周期分析*

根据相关实验结果[5]，在长途大巴车中选择两台金龙柴油客车取样研究润滑油 100℃运动黏度随使用里程的变化如图 5-25 所示。

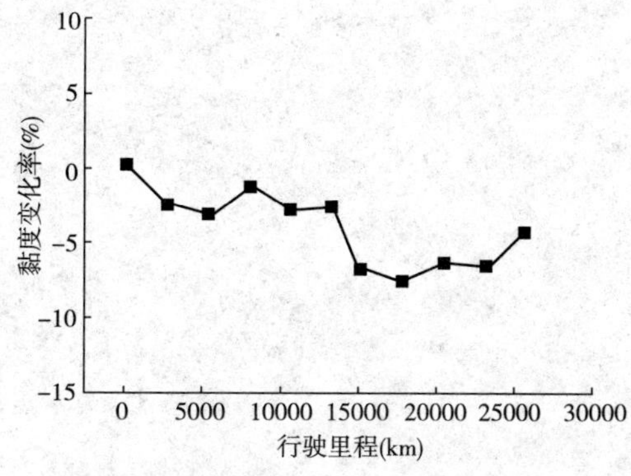

图 5-25　长途大巴润滑油 100℃运动黏度变化

由图 5-25 可知，其运动黏度变化率在 15000km 时接近 −10%，与本实验中金龙柴油车青 ADK1 黏度变化类似，因此可将文献研究结果作为参考，此文献中建议长途大巴车的换油周期大致为 26000km。

文献资料[6]所得出的东风康明斯柴油车运动黏度变化率，如图 5-26 所示。

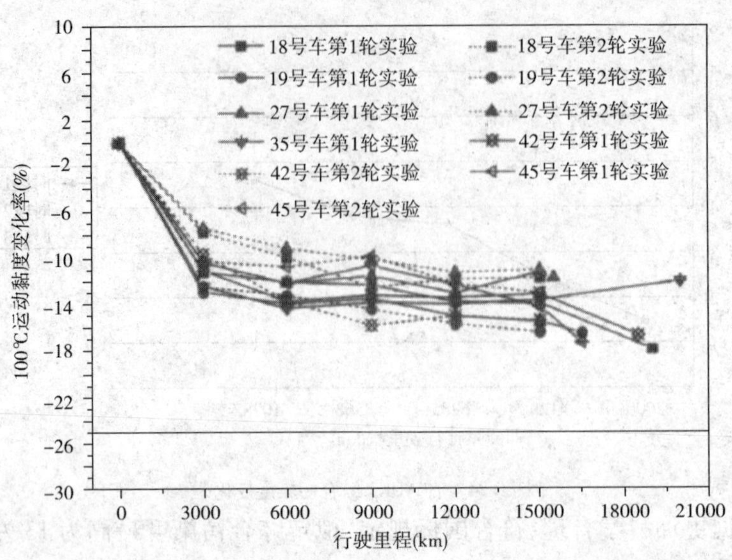

图 5-26　东风康明斯柴油车运动黏度变化率

图 5-26 中运输车辆上运动黏度下降率最大的是 18 号车第一轮实验，到 19000km 时黏度下降率达到 -18%，黏度为 12.8mm^2/s，最后通过监测分析表明，建议 CF-4 15W-40 润滑油在东风康明斯柴油车上的换油周期为 15000km；此研究与本实验情况类似，因此可将此换油周期作为参考换油周期。

5. 结论

由本研究可知，当以综合污染度为 13 左右作为上限时，预测出的累计行驶里程为 25000km，对比参考文献[5]的金龙柴油客车建议换油里程 26000km，本研究预测出的累计行驶里程在其区间之内，因其黏度变化率也与本案例类似，因此作为参考换油里程较为合理，结合本研究预测结果，建议长途大巴车的换油里程为 25000km。为保险起见，还可将文献资料[6]中的 15000km 作为换油周期。但在建议里程前后应该密切注意润滑油运动黏度变化，及时取样进行分析，一旦发现达到换油指标，应立即换油。

其加注润滑油牌号 20W/50 与青海省气候并不相宜。因此，建议更换适合青海地区的润滑油牌号。

参考文献

[1] 桃春生,王清国,张淑华. CH-4 与 CF-4 柴油机油性能对比研究[J]. 汽车工艺与材料,2011,(3):40-42.

[2] 桃春生. CF-4 5W-40 柴油机油用户使用实验研究[J]. 汽车工艺与材料,2009,(11):30-34。

[3] 陈铭,王成焘. 发动机油换油周期的实验研究[J]. 汽车发动机维护与养护,2011,(2):5-10.

[4] 李静,杨慧青. 汽油机油换油标准的修订[J]. 方法标准,2011,21(4):20-25.

[5] 黄文伟,孟凡生,李占玉. 深圳市长途大巴柴油发动机油更换周期的研究[J]. 油品研究与应用,2011,26(2):20-25.

[6] 徐金龙,苏海丁. CH4 15W-40 润滑油在柴油车和柴油上的适用研究[J]. 润滑与密封,2007,32(8):143-146.

[7] 王毓民,王恒. 润滑材料与润滑技术[M]. 北京:化学工业出版社,2005.

[8] 董浚修. 润滑原理及润滑油[M]. 北京:中国石化出版社,1998.

[9] 梁培钧,赵质良. 关于润滑油衰变与危害的探讨[J]. 内燃机,2009,(4):50-51.

[10] 戴汝泉,郝晨生. 汽车运行材料[M]. 北京:机械工业出版社,2011.